Coumaravel Krishnamoorthy
Ramazeame Loganathan

Saúde do solo - Uma análise

Coumaravel Krishnamoorthy
Ramazeame Loganathan

Saúde do solo - Uma análise

ScienciaScripts

Imprint

Cover image: www.ingimage.com

This book is a translation from the original published under ISBN 978-3-659-86753-8.

Publisher:
Sciencia Scripts
is a trademark of
Dodo Books Indian Ocean Ltd. and OmniScriptum S.R.L publishing group

120 High Road, East Finchley, London, N2 9ED, United Kingdom
Str. Armeneasca 28/1, office 1, Chisinau MD-2012, Republic of Moldova, Europe
Managing Directors: Ieva Konstantinova, Victoria Ursu
info@omniscriptum.com

Printed at: see last page
ISBN: 978-620-8-57509-0

ÍNDICE

CAPÍTULO - 1

INTRODUÇÃO

A população da Índia, que já ultrapassou os mil milhões de habitantes e representa cerca de 16% da população mundial, poderá atingir 1,4 mil milhões em 2025 e 1,7 mil milhões em 2050 (Yadav, 2002), se o atual ritmo de crescimento demográfico não for de modo algum travado. Uma população desta dimensão exige uma produção de 301 milhões de toneladas de cereais alimentares (Kanwar, 1997), o que requer um aumento da produção de, pelo menos, 7 a 9 milhões de toneladas por ano, em comparação com o ritmo atual de produção de cereais alimentares suficientes, que depende dos primeiros centímetros da crosta terrestre - o SOLO. O solo é o recurso mais vital e não renovável que permite alimentar milhões de pessoas (Singh, 2008). Uma tarefa tão difícil como a de aumentar a produção de alimentos é possível se concentrarmos os nossos esforços de investigação na gestão da saúde do solo, bem como na melhoria da tecnologia de produção.

Definição de saúde do solo

A capacidade inerente de um solo para fornecer nutrientes essenciais às plantas, em quantidade adequada e na proporção certa, para o seu crescimento ótimo, é designada por fertilidade do solo. A **"saúde do solo"** é uma avaliação da capacidade de um solo para cumprir a sua gama de funções ecossistémicas, em função do seu ambiente ou A saúde do solo foi definida como a capacidade de um solo funcionar dentro dos limites do ecossistema para manter a produtividade biológica. A Soil Science Society of America define a qualidade do solo como "a capacidade de um tipo específico de solo para funcionar dentro dos limites de um ecossistema natural ou gerido, para sustentar a produtividade vegetal e animal, manter ou melhorar a qualidade do solo e da água e apoiar a saúde e a habitação humanas". Em termos simples, a qualidade do solo ou a saúde do solo podem ser definidas como "a aptidão do solo para ser utilizado". Nos sistemas agrícolas, um solo de elevada qualidade permite o crescimento sustentado e produtivo das culturas com um impacto mínimo no ambiente.

CAPÍTULO - 2

PRINCIPAIS PROBLEMAS RELACIONADOS COM A SAÚDE DO SOLO E A PRODUTIVIDADE DAS CULTURAS

Os gregos antigos acreditavam que existiam quatro elementos neste planeta: Terra, Água, Ar e Fogo. A química provaria mais tarde que estavam errados. Três destes quatro elementos, Terra, Ar e Água, são essenciais para a vida tal como a conhecemos. A água e o ar limpos tornaram-se os gritos de guerra para a criação do Dia da Terra, mas outro nome para a terra, nomeadamente o solo, não recebeu a mesma atenção até recentemente.

O South Jersey Resource Conservation and Development Council há muito que se apercebeu da importância do solo para o nosso modo de vida. Sem solos saudáveis, não teríamos alimentos abundantes, a nossa floresta majestosa, riachos murmurantes, água potável ou muitos outros tesouros do nosso ambiente. Muitas vezes maltratamos os nossos solos. De facto, tratamo-los como lixo!!! A má gestão corrói as nossas terras de cultivo e os solos urbanos, deixando sedimentos nos nossos cursos de água - o nosso maior poluidor de água.

A saúde do solo é afetada pela degradação das terras devido à desertificação, salinidade do solo, alcalinidade, alagamentos, secas ou inundações, erosão excessiva do solo e práticas agrícolas não científicas. A produtividade das culturas - medida em termos de respostas aos fertilizantes - só pode ser sustentada se os níveis de fertilidade do solo (fornecimento de todos os nutrientes em proporções que correspondam às necessidades das culturas) forem mantidos. Para atingir este equilíbrio, é essencial que as necessidades de nutrientes de uma cultura para produzir um rendimento-alvo e a quantidade removida do solo sejam repostas mais cedo ou mais tarde.

CAPÍTULO - 3

AS PRINCIPAIS QUESTÕES DE SAÚDE DO SOLO NO CONTEXTO INDIANO INCLUEM

i) degradação física causada pela compactação, formação de crostas, cultivo excessivo ou encharcamento, alagamento e erosão do solo (a compactação do solo é outro exemplo de má gestão do solo. Os solos saudáveis têm quase 50% de poros. Este espaço poroso permite que a água e o ar cheguem às raízes das plantas. A água também se desloca abaixo da zona das raízes e chega aos lençóis freáticos, que são a fonte de grande parte da nossa água potável. Nos solos compactados, este espaço poroso é muito menor, reduzindo a recarga das águas subterrâneas e aumentando o escoamento das águas pluviais, ou seja, as inundações).

ii) degradação química causada por um grande desfasamento entre a procura e a oferta de nutrientes, elevada rotação de nutrientes no sistema solo-planta associada a uma utilização reduzida e desequilibrada de fertilizantes, deficiências emergentes de nutrientes secundários e micronutrientes, fraca eficiência na utilização de nutrientes, insuficiente aporte de fontes orgânicas devido a outras utilizações competitivas, acidificação e toxicidade do alumínio em solos ácidos, salinidade e alcalinidade,

iii) degradação biológica devido ao esgotamento da matéria orgânica e à perda de fauna e flora do solo, e iv) poluição do solo por resíduos industriais, utilização excessiva de pesticidas e contaminação por metais pesados.

A erosão dos solos e a degradação das terras contam-se entre os graves problemas ambientais que afectam negativamente a produtividade dos solos e convertem continuamente terras produtivas em terrenos baldios. O cultivo intensivo, que permite produzir mais culturas por unidade de superfície, resulta num rápido esgotamento do teor de matéria orgânica do solo e afecta negativamente o estado físico do solo, provocando a deterioração da sua agregação. Os solos mais leves tornam-se mais vulneráveis à erosão pelo vento e pela água, o que dá origem à perda da camada superior do solo e agrava o problema da degradação da paisagem. É irónico que, embora a natureza demore cerca de 300 anos a formar apenas um centímetro de solo superficial, 5334 milhões de toneladas de solo sejam erodidas todos os anos a nível nacional, o que representa cerca de 16,4 t ha^{-1} ano^{-1}. Do solo assim erodido, 29% é perdido permanentemente para o mar, 10% é depositado em reservatórios, resultando na perda da sua capacidade de armazenamento, e os restantes 61% são transportados de um local para outro. Assim, a degradação dos recursos terrestres representa uma grande ameaça para os recursos naturais, resultando em perdas de solo e de nutrientes (5,94 mt NPK ano^{-1}), perda de produtividade (Quadro 1) e destruição da riqueza floral e faunística, o que, em última análise, afecta negativamente a vida humana.

Além disso, o balanço negativo de nutrientes entre a remoção das culturas e a adição de fertilizantes tem sido de cerca de 8 a 10 milhões de toneladas por ano^{-1}. A aplicação desequilibrada de nutrientes no que respeita ao NPK induz a insustentabilidade da produtividade das culturas. Dos 17 nutrientes, a tónica tem sido colocada no azoto, seguido do fósforo, enquanto os nutrientes secundários e os micronutrientes não têm merecido a devida atenção. Consequentemente, as deficiências de azoto, fósforo, potássio, enxofre, zinco, boro, ferro, manganês e cobre foram comunicadas em 89, 80, 50, 41, 48, 33, 12, 5 e 3%, respetivamente (Singh, 2008). As deficiências de enxofre, zinco e boro estão a tornar-se mais generalizadas e críticas. A eficiência de utilização do N, P, K, Zn, Fe e Cu aplicados nos solos indianos é de 30-50, 15-20, 70-80, 2-5, 1-2 e 1-2%, respetivamente. Assim, os problemas de carência de nutrientes agravam-se ainda mais devido à baixa eficiência de utilização dos nutrientes aplicados, em especial o P e os micronutrientes. Foram expressas preocupações sobre o declínio da resposta por unidade NPK de 12 em 1960-69 para 7,70 em 2000-07. No entanto, a deterioração do solo não é a única responsável por este declínio da resposta. Em vez disso, parece que esta questão está mais relacionada com o princípio da diminuição do retorno com o aumento quântico da utilização de NPK ao longo dos anos.

Quadro 1. Estimativa do impacto da degradação dos solos na agricultura indiana

Cultura	**Perda em percentagem**	**Perda (milhões de US $)**
Arroz	2.7 - 4.7	189
Trigo	2.7 - 4.7	248
Cevada	3.6 - 6.4	8
Amendoim	4.5 - 7.0	110
Grama	2.8 - 4.4	60
Colza e mostarda	5.6 - 7.8	155
Jowar	5.7 - 7.6	40
Bajra	6.8 - 8.4	25
Algodão	5.3 - 8.8	140
Milho	3.2 - 4.9	25
Cana-de-açúcar	4.5 - 7.9	200
Outras culturas	4.0 - 6.3	750

Fonte: Singh (2008)

A utilização de fertilizantes para a agricultura na Índia aumentou astronomicamente nos últimos 60 anos, o que resultou na deterioração da saúde do solo em muitas partes do país, em especial nas planícies indo-gangéticas de cultivo intensivo, também conhecidas como "Grandes Planícies".

Em 1951-52, a utilização de fertilizantes no país era, em média, inferior a um kg por hectare, tendo atualmente aumentado para 133 kg por hectare, de acordo com as informações fornecidas no sítio Web do Departamento de Fertilizantes. No entanto, apesar deste aumento, o consumo de fertilizantes na Índia continua a ser inferior ao de muitos países desenvolvidos.

De acordo com os dados do Banco Mundial, o consumo de fertilizantes por hectare (quilograma por hectare de terra arável) na Índia, China, Japão, Bangladesh, EUA, Paquistão e Israel em 2007 foi de 142,3 kg/ha, 331,1 kg/ha, 171,2 kg/ha, 166,2 kg/ha e Israel 524 kg/ha, respetivamente.

CAPÍTULO - 4

PRINCÍPIOS E CARACTERÍSTICAS DOS SOLOS SUSTENTÁVEIS

- Drena bem e aquece rapidamente na primavera
- Não cria crosta após a plantação
- Absorve as chuvas fortes com pouco escoamento
- Armazena a humidade para os períodos de seca
- Tem poucos torrões e não tem terra dura
- Resiste à erosão e à perda de nutrientes
- Suporta populações elevadas de organismos do solo
- Não necessita de fertilizantes crescentes para obter rendimentos elevados
- Tem aquele cheiro rico e terroso
- Produz colheitas saudáveis e de alta qualidade.

Todos estes critérios indicam um solo que funciona eficazmente atualmente e que continuará a produzir no futuro. A criação de solos com estas caraterísticas pode ser conseguida através da utilização de práticas de gestão que optimizem os processos encontrados nos solos nativos. Quando a produtividade natural do solo é gerida de forma sustentável, a dependência de insumos comprados diminui, enquanto o valor da terra e a geração de rendimentos aumentam ano após ano. Algumas das coisas em que gastamos dinheiro podem ser feitas pelo próprio processo natural por pouco ou nada. É uma espiral ascendente de sucesso contínuo.

CAPÍTULO - 5

CONCEITOS DE SAÚDE DO SOLO

Existem duas componentes da qualidade do solo: inerente e dinâmica. A qualidade inerente do solo refere-se às caraterísticas que definem a capacidade inerente de um solo para a produção de culturas. Estas são normalmente estáticas, mudando pouco em períodos de tempo curtos (anos a décadas). A textura e a mineralogia do solo são normalmente incluídas como propriedades da qualidade inerente do solo para a produtividade. Outras propriedades do solo, como o carbono total do solo, o CEC e o ESP, podem também ser definidas como propriedades inerentes, quando o tipo de solo em geral ou as comparações regionais são de interesse num determinado momento, embora possam ser alteradas pela gestão num período de tempo mais longo. A qualidade inerente de um solo deve ser vista à luz da sua utilização agrícola prevista.

As propriedades de qualidade dinâmica do solo são as que se alteram em resposta à utilização e gestão humanas, normalmente num período de tempo relativamente curto (anos a décadas). Os solos agrícolas de elevada qualidade dinâmica mantêm uma elevada disponibilidade de nutrientes, permitem uma infiltração adequada da água e do ar, têm uma estrutura relativamente estável e mantêm também uma comunidade funcionalmente diversificada de organismos do solo que suporta um elevado nível de produtividade vegetal. Estes processos reflectem-se em propriedades físicas, químicas e biológicas específicas dos solos. Os termos "qualidade dinâmica do solo" e "saúde do solo" são muitas vezes utilizados indistintamente. Dois solos podem ser igualmente "saudáveis" mas atingir níveis diferentes de produtividade das culturas devido a diferenças nas suas qualidades inerentes.

No ecossistema natural, a qualidade do solo é observada como um valor de base ou um conjunto de valores em relação aos quais podem ser analisadas e comparadas futuras alterações no sistema. Nos sistemas agrícolas, a qualidade do solo é monitorizada com o objetivo de gerir o sistema para aumentar a produção sem degradar os solos e o ambiente. Assim, a qualidade do solo está diretamente relacionada com a sustentabilidade agrícola. Para interpretar a saúde de um solo, é necessário avaliar vários processos e funções através de indicadores significativos.

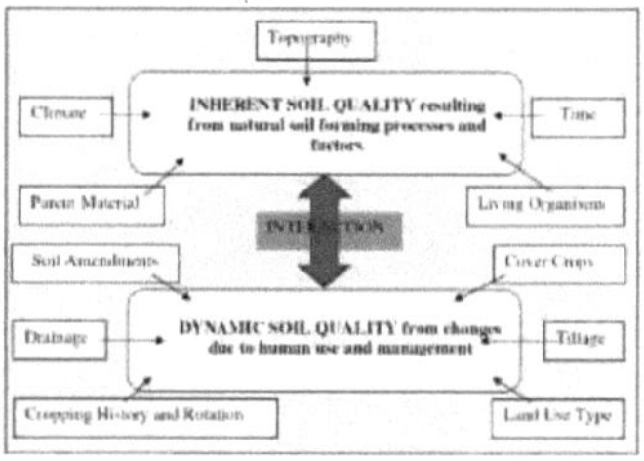

Fig.1 conceito de saúde do solo

CAPÍTULO - 6

AVALIAÇÃO DA SAÚDE DO SOLO
(INDICADORES DA QUALIDADE DO SOLO)

A saúde do solo sublinha a integração de medidas biológicas, químicas e físicas da qualidade do solo que afectam o lucro dos agricultores e o ambiente. Um solo saudável, componente essencial de um ambiente saudável, é a base sobre a qual se constrói uma agricultura sustentável. A prevalência de uma ou mais condições desfavoráveis do solo durante longos períodos conduz à insustentabilidade do sistema agrícola.

Os indicadores de qualidade do solo abrangem toda a gama de propriedades físicas, químicas e biológicas do solo, reflectem as funções do solo e são fáceis de medir por uma variedade de utilizadores e em várias condições de campo, respondendo às alterações climáticas e de gestão. Os principais indicadores da qualidade do solo são a textura do solo, a densidade aparente, a agregação, a capacidade de água disponível, o pH, a CE, as reservas de NPK, o C orgânico, a biomassa microbiana, o número de minhocas e de térmitas. Em situações específicas, outras propriedades do solo podem ser identificadas como indicadores, por exemplo, a agregação do solo, o ESP, o estado dos micronutrientes, os resíduos de pesticidas e os poluentes de metais pesados.

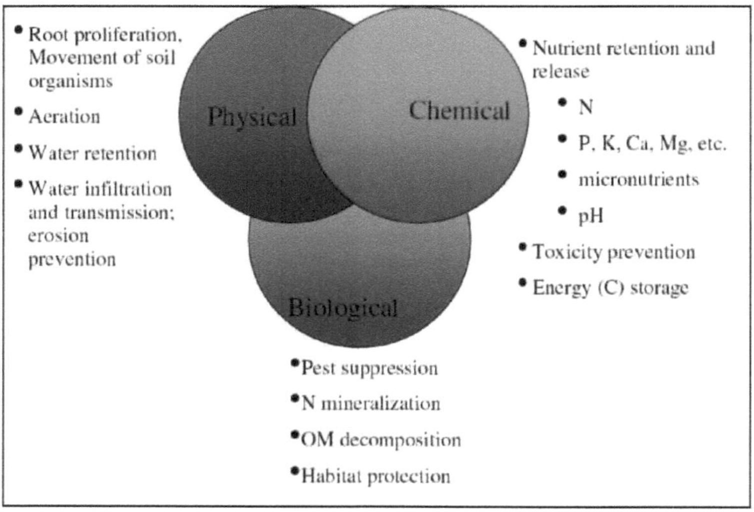

Fig.2 INDICADORES DE QUALIDADE DO SOLO

O termo saúde do solo é utilizado para avaliar a capacidade de um solo para (i) manter a produtividade e a diversidade vegetal e animal, (ii) manter ou melhorar a qualidade da água e do ar, (iii) apoiar a saúde e a habitação humanas. A produtividade do solo pode certamente perder-se devido à erosão, à extração de nutrientes, à salinização, à sodificação, à compactação e ao encharcamento. A relação entre a produtividade do solo e o solo utilizado para avaliar a qualidade do solo está ligada às causas da perda de produtividade. Os efeitos das práticas de gestão sobre a produtividade também podem ser avaliados utilizando atributos de qualidade do solo.

Na era pós-revolução verde, as experiências de longo prazo em curso em todo o país revelaram claramente que a taxa de resposta aos fertilizantes adicionados e a produtividade dos factores das principais culturas têm vindo a diminuir ano após ano em sistemas de cultivo intensivo devido a (1) elevada rotação de nutrientes no sistema solo-planta associada a uma utilização reduzida e desequilibrada de fertilizantes, (2) deficiências emergentes de micro e nutrientes secundários (S, Zn, B, Fe, Mn, *etc.*) (3) acidificação e toxicidade do alumínio em solos ácidos e (4) insuficiente entrada de recursos orgânicos devido a outras utilizações competitivas e (5) consequente deterioração da saúde física, biológica e química do solo e baixa eficiência da utilização de fertilizantes.(3) acidificação e toxicidade do alumínio em solos ácidos, (4) insuficiente aporte de recursos orgânicos devido a outras utilizações competitivas e (5) consequente deterioração da saúde física, biológica e química do solo e baixa eficiência da utilização de fertilizantes, *etc*. Os indicadores físicos, químicos e biológicos utilizados para determinar a saúde do solo são enumerados no Quadro 2.

Quadro 2. Indicadores físicos, químicos e biológicos utilizados para determinar a saúde do solo

N.º de Sl.	Indicadores	Medições
1	Físico	Densidade aparente, taxas de infiltração e condutividade hidráulica, teor de água, capacidade de retenção de água, curva de libertação de água.
2	Química	pH, CE, CEC, ESP, C orgânico, estado dos macro/micronutrientes
3	Biológico	Contagens microscópicas diretas, fumigação com clorofórmio, respiração induzida pelo substrato (SIR), produção de CO2
	Biomassa microbiana	Quociente microbiano, Estimativa fúngica, PLFA (Ácidos gordos fosfolípidos)
	Atividade microbiana	Síntese de ADN bacteriano, Síntese de proteínas bacterianas, Produção de CO2
	Ciclo do carbono	Respiração do solo, quociente metabólico (q CO2),

	Ciclo do azoto	Mineralização de N, nitrificação, desnitrificação, fixação de N
	Biodiversidade e Resiliência microbiana	Contagens diretas Contagens diretas, plaqueamento de isolamento seletivo, padrão de utilização de carbono e azoto, padrão de enzimas extracelulares
	Biodisponibilidade de contaminantes	Bactérias que contêm plasmídeos, bactérias resistentes a antibióticos

Fonte: Arias et al. (2005)

CAPÍTULO - 7

MEDIDAS DE GESTÃO PARA MELHORAR A SAÚDE DO SOLO

7.1 Melhoria da qualidade física do solo para a produtividade das culturas

Os constrangimentos físicos do solo, tais como a secagem da zona de sementeira antes da plantação de culturas pós-estação das chuvas em áreas de sequeiro, a formação de crosta na sementeira após a sementeira, a profundidade limitada do solo, a baixa retenção de água, a baixa permeabilidade à água, o excesso de chuvas ou de irrigação, o teor de sal, os extremos de temperatura do solo e a impedância mecânica podem limitar o desempenho das plantas em qualquer fase, desde a emergência das plântulas até ao rendimento final. Os cientistas têm envidado esforços para ultrapassar estes problemas através da conceção de agrotecnologias adequadas, incluindo a mobilização do solo, a gestão dos resíduos, os corretivos do solo, o controlo da erosão, a drenagem e a irrigação. O milho contínuo durante 28 anos sem mobilização do solo numa argila siltosa de Wooster aumentou a percentagem e o diâmetro médio do peso dos agregados estáveis à água em comparação com o sistema de mobilização do solo baseado na charrua de cinzel e de aiveca (Mahboubi *et al.*, 1993). Os efeitos da lavoura na agregação, porosidade e distribuição do tamanho do espaço poroso também influenciam as propriedades hidráulicas do solo. As barreiras vegetais e as sebes foram consideradas úteis na redução das perdas por escoamento superficial, na conservação do solo e dos nutrientes, na estabilização de diques de terra na região de solo negro, quando uma ou duas filas de gramíneas são estabelecidas ao longo do declive com um intervalo vertical de 0,50-0,75 m. Gramíneas como *Vetiveria zizanoides* (Vetiver), *Cymbopogan martinii* (capim-rosha), *Dichanthium annulatum* (Marvel) e *Panicum maximum* (capim-da-índia) são as espécies de gramíneas mais adequadas como barreira vegetativa para a conservação do solo na região de solo negro (Ranade *et al.*,1995).

Basker *et al.* (1995) apresentaram as tecnologias desenvolvidas para vários condicionalismos físicos do solo existentes em Tamil Nadu. Em condições de subsolo duro, a lavoura com cinzel e a aplicação de corretivos orgânicos registaram um aumento do rendimento do sorgo, da tapioca, do amendoim e do algodão, além de reduzirem a densidade aparente do solo (quadro 3). No caso de solos excessivamente permeáveis (solos arenosos), a adoção da tecnologia de compactação, utilizando o rolo de pedra, aumentou o rendimento do amendoim, do milho e do sorgo. As experiências realizadas em solos fofos de arroz com tecnologia de compactação utilizando o rolo de pedra aumentaram o rendimento do grão de arroz em 35,5 por cento em relação ao controlo. Nas lateritas vermelhas de Tamil Nadu, onde a formação de crostas na superfície é um problema grave, o rendimento do greengram foi melhorado em 20% devido à aplicação de cal @ 2 t ha^{-1} juntamente com FYM 10 t ha^{-1} após a lavoura com a humidade óptima do solo. Em solos lentamente permeáveis com alto teor de argila, o maior rendimento de grãos de sorgo foi registado nas parcelas de canteiros elevados, seguido pela semeadura em cumes.

Quadro 3. Efeito do cinzelamento no rendimento das culturas e na densidade aparente

S. Não.	Tratamento	Rendimento (t/ha)	Densidade aparente (Mg m^{-3})
1. Sorgo	Cinzelagem (0,5 m de distância)	4.72	1.42
	Cinzelagem (1,0 m de distância)	4.08	1.45
	Cinzelagem (1,5 m de distância)	3.71	1.58
	Sem cinzel	3.42	1.65
	C.D. (P=0,05)	0.64	-
	Casca de amendoim (5 t ha-1)	4.54	1.45
	Casca de arroz (5 t ha-1)	3.89	1.55
	Controlo	3.52	1.62
	C.D. (P=0,05)	0.48	-
2. Tapioca	Arado de cinzel	53.79	1.527
	Arado de discos	49.46	1.564
	Arado rural	43.97	1.575
	C.D. (P=0,05)	3.91	N.S.
	Casca de amendoim (5 t ha-1)	48.74	1.568
	Pó de coco (10 t ha-1)	47.66	1.560
	Lama de prensa (10 t ha-1)	52.56	1.491
	Controlo	47.34	1.604
	C.D. (P=0,05)	3.69	N.S.
3. Amendoim	Arado de cinzel	1.747	1.64
	Arado de discos	1.499	1.64
	Arado rural	1.458	1.69
	C.D. (P=0,05)	0.194	N.S.
	Casca de amendoim (5 t ha-1)	1.576	1.66
	Pó de coco (10 t ha-1)	1.511	1.65
	Lama de prensa (10 t ha-1)	1.694	1.62
	Controlo	1.491	1.60
	C.D. (P=0,05)	0.119	N.S.
4. Algodão	Sem cinzel	0.78	1.552
	Cinzelada (0,5 m de distância)	0.95	1.513
	Cinzelado + Fibra de coco medula	1.01	1.459

	compostado a 12,5 t ha-1		
	C.D. (P=0,05)	0.12	N.S.

Fonte: Basker et al. (1995)

Hulugalle e Enstwistle (1997) observaram que, após nove anos de algodão irrigado, a compactação do subsolo e a resistência do solo eram mais elevadas nas parcelas com mobilização mínima (sulcos permanentes, perturbação do solo limitada apenas ao aprofundamento do sulco) do que nas parcelas com mobilização máxima (lavoura de disco ou lavoura com cinzel seguida de sulcos), e a extração de água do solo pelas culturas não foi afetada. Parece que o efeito da compactação foi parcialmente anulado pela criação de canais de derivação.

A aplicação contínua de fertilizante balanceado reduziu significativamente a densidade aparente do solo do que nos vasos não fertilizados (1,44 Mg m^{-3}) (Tabela 4.). A densidade aparente também diminuiu significativamente sob NPK e FYM (1,30 Mg m^{-3}) e não variou significativamente entre os níveis de NPK. O aumento da densidade aparente no estrume orgânico aplicado com parcelas NPK pode dever-se à adição de C orgânico mais elevado, mais espaço poroso e boa agregação do solo (Dhakshinamoorthy *et al.*, 2005) e também observou que (quadro 5) a condutividade hidráulica, a porosidade total, a capacidade de retenção de água, a estabilidade dos agregados, o diâmetro médio do peso e a percentagem de agregados estáveis à água. O solo experimental foi aumentado através da adição contínua de uma dose completa de NPK (100 %) juntamente com FYM, o que mostrou um aumento significativo dos caracteres físicos acima referidos.

Tabela. 4. Efeito da fertilização contínua nas propriedades físicas do solo (Após 25 e 26th ciclo de cultivo)

Tratamentos	Densidade aparente (Mg m^{-3})	Porosidade total (%)	Condutividade hidráulica (cm hr^{-1})	Capacidade de retenção de água (%)
50% NPK	1.42	52.38	1.50	49.26
100% NPK	1.40	56.14	1.81	49.76
150% NPK	1.41	56.98	1.87	50.38
100% NPK + HW	1.39	55.14	1.62	48.48
100% NPK + $ZnSO_4$	1.38	55.14	1.99	49.76
100% NP	1.42	56.39	1.66	44.36
100% N	1.36	52.11	1.73	44.20

100% NPK + FYM	1.30	52.24	2.61	52.58
100% NPK (-S)	1.44	58.85	1.83	48.50
Controlo	1.44	56.21	1.44	44.65
CD a 5 %	0.06	50.18	0.22	2.52

(Dhakshinamoorthy *et al.*, 2005)

Tabela. 5. Efeito da fertilização contínua na estabilidade dos agregados do solo (Após o 26º ciclo de cultivo)

Tratamentos	Peso médio diâmetro (mm)	Por cento estabilidade do agregado	Estável à água agregados (%)
50% NPK	0.696	63.28	80.85
100% NPK	0.703	66.60	82.26
150% NPK	0.705	68.46	81.48
100% NPK + HW	0.698	67.98	81.24
100% NPK + $ZnSO_4$	0.704	68.46	82.90
100% NP	0.696	63.83	80.48
100% N	0.698	66.82	80.40
100% NPK + FYM	0.724	74.94	83.62
100% NPK (-S)	0.698	68.42	79.48
Controlo	0.696	63.08	72.48
CD a 5 %	0.014	2.64	2.86

(Dhakshinamoorthy et al., 2005)

Na sementeira do trigo, o armazenamento de humidade do solo no perfil de 1,8 m de profundidade foi significativamente mais elevado em 27-85 mm nas parcelas com adubo do que no controlo durante quatro dos seis anos. Este aumento no armazenamento de água foi provavelmente causado pela melhoria do conteúdo de carbono orgânico do solo (Ghuman e Sur, 2001). A aplicação de FYM e de adubo verde aumentou o carbono orgânico nos 0,1 m superiores do solo profundo de areia argilosa aluvial. A densidade aparente e o pH da camada superficial diminuíram com a adubação orgânica, enquanto a taxa de infiltração em estado estacionário aumentou 25-69 % e o armazenamento de humidade no solo 27-65 mm por 1,8 m de profundidade em relação ao controlo. O rendimento do grão de trigo aumentou significativamente com a adubação durante quatro das seis estações de crescimento. Após a retenção da FYM durante dois anos, o efeito residual só conseguiu produzir mais 6 e 21% de grãos de trigo do que no controlo, na FYM a 6 e 18 t ha^{-1}, respetivamente.

O rendimento das culturas de sequeiro é geralmente baixo devido à natureza grosseira dos solos com baixo teor de carbono orgânico e de retenção de água. Se o carbono orgânico do solo for aumentado, afectando as propriedades do solo, a produtividade destes solos pode ser substancialmente melhorada. Há relatos de agricultura irrigada segundo os quais a incorporação de resíduos orgânicos nos solos aumentou a capacidade de retenção de água disponível, diminuiu a densidade aparente, aumentou o teor de carbono orgânico e de N disponível e também a taxa de infiltração (Tolanur e Badanur, 2003).

As raízes crescem melhor quando os solos estão relativamente bem abastecidos de humidade. Num estudo de campo sobre o trigo, Bandyopadhyay e Mallick (2003) observaram que, durante a estação de crescimento, do 46º ao 107º dia, à medida que as plantas cresciam e se desenvolviam, a densidade do comprimento das raízes aumentava com o tempo e a taxa de aumento era máxima entre 46-78 dias. A taxa de penetração das raízes foi mais rápida em regimes de água no solo relativamente mais secos.

Foi efectuado um ensaio em vaso para investigar o efeito do biochar produzido a partir de resíduos verdes por pirólise na qualidade do solo de um Alfisol (Chan *et al.*,2007). A resistência à tração do solo duro sob investigação diminuiu com o aumento da taxa de aplicação de biochar.

No entanto, não foi detectada qualquer alteração significativa na taxa baixa de 10 t/ha e só foi observada uma redução significativa nas taxas de aplicação de 50 e 100 t/ha de biochar. A capacidade de campo do solo tratado com biochar aumentou com o aumento da taxa de aplicação de biochar, mas só foram detectados aumentos significativos nas taxas mais elevadas de 50 e 100 t/ha de biochar A aplicação de biochar também teve um efeito significativo nas actividades biológicas do solo (Quadro 6).

No solo franco-argiloso arenoso de Andhra Pradesh, através da incorporação de resíduos de palha, observou-se uma diminuição da densidade aparente e um aumento da taxa de infiltração em relação ao controlo ou à queima (Surekha *et al.*, 2004). A lavoura profunda fora de época, especialmente em anos de precipitação subnormal, foi considerada eficaz na conservação do solo e dos recursos hídricos e no aumento substancial do rendimento das culturas (Tomar, 2005).

Dhakshinamoorthy *et al.* (2005) relataram que a aplicação contínua de fertilizantes equilibrados reduziu significativamente a densidade aparente (Tabela 4.) do solo do que as parcelas não fertilizadas, o que pode ser atribuído ao aumento da produção de biomassa com o consequente aumento do conteúdo de matéria orgânica do solo. Além disso, a aplicação combinada de NPK e

FYM resultou em condutividade hidráulica, porosidade, capacidade de retenção de água e estabilidade de agregados significativamente maiores em comparação com NPK sozinho ou controle sem adubo na sequência de milheto, milho e feijão-de-corda em Inceptisols de Tamil Nadu (Tabela 5.).

Quadro 6. Alterações nas propriedades físicas e biológicas do solo em resultado de diferentes taxas de aplicação de biochar com e sem aplicação de fertilizante azotado.

Taxa de biochar (t ha^{-1})	Sem azoto				Com azoto				Nível de significância		
	0	10	50	100	0	10	50	100	Biochar	N	Biochar x N
FC (kg/100 kg)	0.255	0.244	0.270	0.320	0.252	0.246	0.270	0.320	***	n.s	n.s.
Resistência à tração (kPa)	64.4	69.2	31.7	18.8	NA	NA	NA	NA	***	-	-
FDA(µg fluorescei n/g solo.min)	13.2	11.3	11.9	11.5	10.1	8.6	11.2	11.2	***	***	***

(Chan *et al.*, 2007).

7.2 MELHORIA DA QUALIDADE QUÍMICA DO SOLO

O total de N, P e K estimado em intervalos variáveis no período de 100 anos indicou uma tendência definida devido à aplicação de fertilizantes e estrume em diferentes tratamentos. O estado dos nutrientes estimado durante 1916 foi tomado como valor de base e a mudança foi calculada em 37, 43 e 92 anos. O N total aumentou em 37 anos, diminuiu mais tarde e voltou a aumentar de forma notável em 92 anos com NPK (Arulmozhiselvan er al., 2011). Registou-se uma tendência semelhante para os tratamentos com N e NK (quadro 7).

Quadro 7. Estado e alterações do N total do solo em diferentes anos (kg ha^{-1})

StnrmtarT	Alterações em 37 anos	Alterações em 43 anos	Alterações em 92 anos
controlo	240	500	-58

N	80	160	264
NN	220	300	247
NN	-120	260	73
NNN	200	900	269
PK	60	300	-22
N	-80	320	-42
P	20	120	-64
MC	20	60	-38
MCC	-120	-80	60

(Arulmozhiselvan er al.,2011)

O cultivo contínuo do sistema arroz-arroz e a sua monitorização ao longo de três anos revelaram que, mesmo com a adição contínua de fertilizantes para cada cultura, não se observou uma acumulação de todos os principais nutrientes em comparação com o estado inicial. Entre os micronutrientes, Fe, Mn e Cu foram suficientemente sustentados em todos os locais, enquanto Zn e B mostraram maior esgotamento após seis culturas de arroz (Stalin et al., 2011). O padrão de remoção de culturas indicou que, K foi fortemente esgotado seguido por N, P e S e a ordem de remoção de micronutrientes foi Fe> Mn> Zn> Cu> B (Tabela 8).

Tabela 8. Balanço de nutrientes em diferentes tipos de solo após seis culturas de arroz.

Nutrientes	Valores iniciais do solo	Anaimalai (9)	Irugur (7)	Palladam (4)
N	165-260	-155.6	-142.0	-131.2
P	16-26	-29.0	-24.0	-24.5
K	119-781	-22.8	-14.2	-3.3
S	13-29	-18.6	-8.1	-11.1
Zn	0.89-3.42	0.277	-0.612	0.008
Fe	3.5-7.73	18.83	13.59	15.23
Mn	5.15-14.6	2.22	2.54	1.25
Cu	1.43-5.21	0.048	-0.182	0.149

B	0.3-5.90	-0.307	-0.005	-0.137

(Stalin et al., 2011).

Tabela 9. Efeito da gestão integrada de nutrientes no reservatório de carbono do solo do milho

Tratamentos	WSC mg kg- 1	WSCH mg kg-1	Biomassa Carbono mg kg-1
100% NPK	61.9	40.2	212
100% NPK + Zn	63.5	41.2	236
100% NPK + Zn + S	64.3	42.6	249
100% NPK + S	63.9	41.3	208
100% NPK + Azotobacter	65.6	40.9	256
10 t FYM ha^{-1}+ (teor de 100% NPK-NPK de FYM)	71.9	42.6	287
100% NPK + 10 t FYM ha-1	81.1	43.4	296
20 t de FYM ha-1	88.3	45.9	309
150% NPK	75.2	42.1	263
100% NP	59.9	33.9	192
100%N	53.5	32.3	181
Controlo	45.1	26.3	173
CD (p=0,05)	3.2	2.1	7

(Gayatri Verma et al., 2009)

O carbono orgânico do solo é composto por reservatórios activos, intermédios/lentos e passivos, que funcionam como indicadores muito sensíveis da qualidade do solo. Os reservatórios activos (Quadro 9) contribuem geralmente com cerca de 10-20% para o SOM total, enquanto os reservatórios estáveis ou passivos contribuem com 50-90% para o carbono total. O efeito máximo dos factores de produção sobre o carbono da biomassa microbiana, o carbono solúvel em água e os hidratos de carbono solúveis em água foi obtido com FYM @ 20 t ha-1 seguido de 100% NPK + 10 t FYM ha-1 (Gayatri Verma et al., 2009)

Os resíduos naturais de plantas constituem outros recursos potenciais para complementar as fontes orgânicas como corretivos do solo. Estes resíduos vegetais podem ser incorporados nos solos diretamente ou após compostagem para recuperar solos degradados, aumentar a produtividade e melhorar a qualidade ambiental (Bharadwaj, 1999). Singh *et al.* (2000) observaram uma acumulação geral de N no solo com uma gestão integrada de nutrientes durante oito anos (1988-96) de cultura de arroz-trigo num solo franco-arenoso. Verma e Sharma (2000) também observaram um P de Olsen mais elevado com produtos orgânicos do que sem produtos orgânicos num determinado nível de fertilizante P após 5-6 ciclos de cultivo de arroz-trigo. Puste *et al.* (2001) referiram que os resíduos orgânicos são utilizados apenas para suplementar os nutrientes das plantas do solo e não para os substituir, porque mesmo as adições de resíduos de plantas ou de adubos de melhor qualidade dificilmente podem substituir 50% da dose recomendada de fertilizantes químicos no arroz da estação húmida. A biomassa de Lantana pode ser usada como um suplemento ao fertilizante N em solos de arroz. A sua adição regular ao solo a 15 t ha^{-1} antes da transplantação do arroz melhorou o Carbono Orgânico do Solo (SOC) e o estado de NPK disponível no solo, com o consequente aumento do rendimento do arroz e da eficiência do uso da água. Também se observou que os nutrientes disponíveis eram elevados nas parcelas que receberam NPK 100% + 10 t de vermicomposto ha^{-1} (Sharma *et al.*, 2009) (Quadro 10). Da mesma forma, o estado dos nutrientes disponíveis foi registado como elevado nas parcelas que receberam NPK 100%+ 10 t FYM ha^{-1} (Pothare et al. 2007) (Quadro 11).

Quadro 10. Efeito da utilização integrada de adubos orgânicos e fertilizantes no carbono orgânico e no estado dos nutrientes disponíveis no solo.

Tratamentos	Carbono orgânico (g kg^{-1})	N disponível (Kg ha^{-1})	Disponível-P (Kg ha^{-1})	Disponível -K (Kg ha^{-1})
Controlo	8.2	203	14.2	133
100% NPK sozinho	8.7	230	18.7	177
100% NPK+ 5 t FYM ha^{-1}	10.7	240	22.4	224
100% NPK+ 10 t FYM ha^{-1}	12.0	261	23.9	270
100% NPK+ 5 t vermicomposto ha^{-1}	12.2	271	25.4	277
100% NPK+ 10 t vermicomposto ha^{-1}	13.9	303	28.1	345
CD (P=0,05)	1.4	37	3.6	38

(Sharma *et al.*, 2009)

Tabela 11. Efeito da fertilização a longo prazo nas propriedades químicas do solo do Vertisol

Tratamentos	N disponível (Kg ha^{-1})	Disponível -P (Kg ha^{-1})	Disponível - K (Kg ha^{-1})	HP	CM
Controlo	169	11.75	249	7.9	0.31
100% NPK sozinho	271	19.75	426	8.1	0.31
150% NPK	320	23.25	464	8.1	0.31
100% N	225	16.00	372	7.9	0.28
100% NP	270	19.00	408	7.9	0.29
100% NPK+ 10 t FYM ha^{-1}	331	25.00	469	8.1	0.27
FYM @ 10 t ha^{-1}	221	16.00	331	7.9	0.28
CD (P=0,05)	12.97	1.68	32.72	NN	NN

(Pothare et al. 2007)

A demonstração de longo prazo do STCR-IPNS com a sequência de cultivo arroz-arroz está em funcionamento desde o Kharif 1998 num alfisol (Santhi *et al.*, 2011). No que diz respeito às alterações da fertilidade do solo, após 13 anos o pH aumentou ligeiramente em todos os tratamentos e o maior aumento de 0,22 unidades foi observado em , o controlo (Tabela 12). Da mesma forma, o aumento da CE também foi observado em todos os tratamentos e o maior aumento foi observado em STCR 7 t ha $^{-1}$. Relativamente ao estado nutricional disponível, a maior magnitude foi observada em STCR-IPNS 7 t $ha^{(-1)}$.

Quadro 12. Estado de fertilidade do solo após 13 anos de cultivo com base em testes de solo numa demonstração a longo prazo com a sequência arroz-arroz.

StaertaerT	Propriedades químicas			Nutrientes disponíveis Kg ha^{-1}		
	HP	**CE**	**CE**	**N**	**P**	**K**
tleeaal	**8.28**	**0.69**	**6.9**	**228**	**19.1**	**465**
ydali -Ietral I	**8.31**	**0.82**	**7.1**	**228**	**21.0**	**480**

RSES						
ydali -II letral RSES	8.36	0.86	7.1	285	26.2	490
-ydali-II letral IPNR RSES	8.32	0.78	7.9	297	28.4	520
ydali -I letral RSES	8.37	0.54	4.9	190	12.2	410

(Santhi et al., 2011)

Coumaravel e santhi relataram que, a aplicação de Biochar @ 15 t ha^{-1} juntamente com a dose recomendada de NPK (250:75:75 kg $ha^{(-1)}$)) + FYM @ 12.5 t ha^{-1} e Azospirillum @ 2 kg ha^{-1} foi registada como a mais alta fertilidade. Embora fosse numericamente maior, estava a par com Biochar @ 10 t ha^{-1} juntamente com a dose recomendada de NPK(250:75:75 kg ha^{-1}) + FYM @ 12.5 t ha^{-1} e Azospirillum @ 2 kg ha^{-1}(Tabela.13).

Quadro 13: Efeito da adição de biochar no teor de nutrientes do solo de milho.

Tratamentos		**N disponível (kg ha^{-1})**	**P disponível (kg ha^{-1})**	**Disponível-K (kg ha^{-1})**	**Carbono orgânico (g kg^{-1})**
Tl	Biochar @5 t ha-1	185	21.1	543	4.82
T2	Biochar @10 t ha-1	189	22.8	555	4.89
T3	Biochar @15 t ha-1	192	23.6	569	4.91
T4	Apenas NPK	198	25.5	593	5.12
T5	NPK+ Biochar @ 5 t ha-1	203	26.5	603	5.21
T6	NPK+ Biochar @10 t ha-1	205	29.0	609	5.25
T7	NPK+ Biochar@ 15 t ha-1	207	30.1	615	5.31
T8	NPK+FYM @ 12,5 t ha-1+ Azospirillum	209	31.7	623	5.40
T9	NPK+FYM @ 12,5 t ha-1 + Biochar @5 t ha-1+ Azospirillum	210	32.2	626	5.51

T10	NPK+FYM @ 12,5 t ha-1+ Biochar @10 t ha-1+ Azospirillum	215	32.6	629	5.71
Tll	NPK+FYM@ 12,5 t ha-1 + Biochar@15 t ha-1+ Azospirillum	217	33.3	634	5.91
T12	Controlo absoluto	175	19.7	530	3.22
CD (0,05)		**9**	**1.7**	**15**	**0.05**

Coumaravel e santhi(2011).

Sharma *et al.*, 2009 observaram que a absorção total de nutrientes do quiabo e da cebola foi maior na aplicação de 100% NPK+ 10 t vermicomposto ha^{-1} e 100% NPK+ 25 t vermicomposto ha^{-1} respetivamente (Quadro 14 e 15).

Quadro 14 Efeito da utilização integrada de adubos orgânicos e fertilizantes na absorção total de nutrientes (kg ha^{-1}) do quiabeiro.

Tratamentos	N (Kg ha^{-1})	P (Kg ha^{-1})	K (Kg ha^{-1})
Controlo	20.8	3.14	5.68
100% NPK sozinho	48.1	8.12	11.50
100% NPK+ 5 t FYM ha^{-1}	55.7	10.03	16.84
100% NPK+ 10 t FYM ha^{-1}	66.6	12.66	22.66
100% NPK+ 5 t vermicomposto ha^{-1}	71.9	13.43	22.51
100% NPK+ 10 t vermicomposto ha^{-1}	81.8	15.33	25.21
CD (P=0,05)	3.1	0.99	2.51

(Sharma *et al.*, 2009)

Tabela 15. Efeito da utilização integrada de adubos orgânicos e fertilizantes na absorção total de nutrientes (kg ha^{-1}) da cebola.

Tratamentos	N (Kg ha^{-1})	P (Kg ha^{-1})	K (Kg ha^{-1})

Controlo	6.09	0.99	4.72
100% NPK sozinho	20.49	3.41	14.66
100% NPK+ 12,5 t FYM ha^{-1}	25.76	4.42	18.16
100% NPK+ 25 t FYM ha^{-1}	30.62	5.35	20.74
100% NPK+ 12,5 t vermicomposto ha^{-1}	36.23	6.10	21.77
100% NPK+ 25 t vermicomposto ha^{-1}	50.78	7.59	30.97
CD (P=0,05)	1.88	0.40	1.54

(Sharma *et al.*, 2009)

A produtividade dos solos ácidos é geralmente baixa devido aos níveis tóxicos de Al, Fe e Mn na solução do solo, ao desequilíbrio de nutrientes, à deficiência de P, B e Mo e à fraca atividade microbiana que conduz a uma baixa disponibilidade de N e S. Os solos fortemente ácidos podem ser geridos com cal, mas os solos moderadamente ácidos podem ser geridos com quantidades suficientes de adubos orgânicos. As culturas diferem na sua resposta à aplicação de cal e com base na resposta à aplicação de cal. Mandal et al. (1966) agruparam as culturas em alta, média e baixa reatividade à cal. Entre o feijão-de-pombo, o milho, o feijão-frade e o amendoim, o feijão-frade respondeu ao máximo à aplicação de cal, seguido do amendoim, do feijão-de-pombo e do milho no Alfisol ácido de Bhubaneswar (Mishra, 2002). Em solos franco-argilosos arenosos de Andhra Pradesh, em condições de monocultura intensiva de arroz, observou-se uma melhoria significativa da produtividade do arroz, do equilíbrio de nutrientes e da saúde do solo com a reciclagem de 100% de palha diretamente ou das suas cinzas ou de palha + adubo verde, em vez da remoção da palha ou da adição de 50% de palha após dois ciclos de culturas (Surekha *et al.*, 2004). Numa experiência de fertilização a longo prazo em Inceptisols de Tamil Nadu, Dhakshinamoorthy *et al.* (2005) verificaram que a utilização equilibrada de fertilizante NPK manteve ou aumentou ligeiramente o nível de SOC em relação aos níveis iniciais e também observaram que o carbono orgânico solúvel em água, os hidratos de carbono solúveis em água, a biomassa C e N do solo de milho e milho também melhoraram com a adição de 100% de NPK juntamente com a FYM (quadros 16 e 17). O estado dos nutrientes disponíveis no solo, influenciado pela aplicação contínua de tratamentos e pela cultura ao longo do ano, medido após a colheita das culturas, é apresentado nas figuras 3, 4 e 5. O nutriente disponível era alto nas parcelas que receberam NPK 100% + FYM e 150% de fertilizantes NPK (Dhakshinamoorthy *et al.*, 2005).

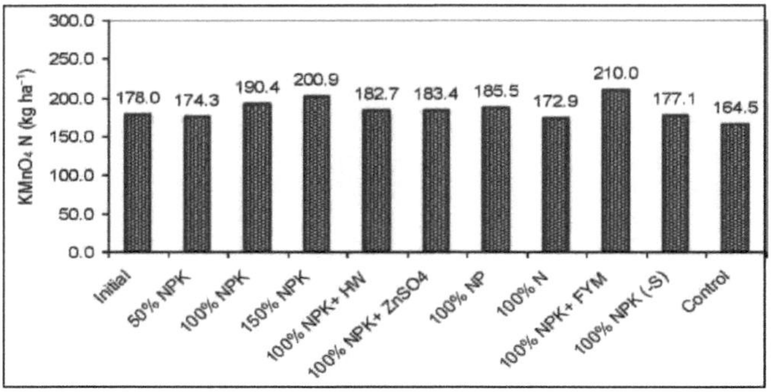

Fig.3 Efeito dos diferentes tratamentos no teor de N disponível no solo

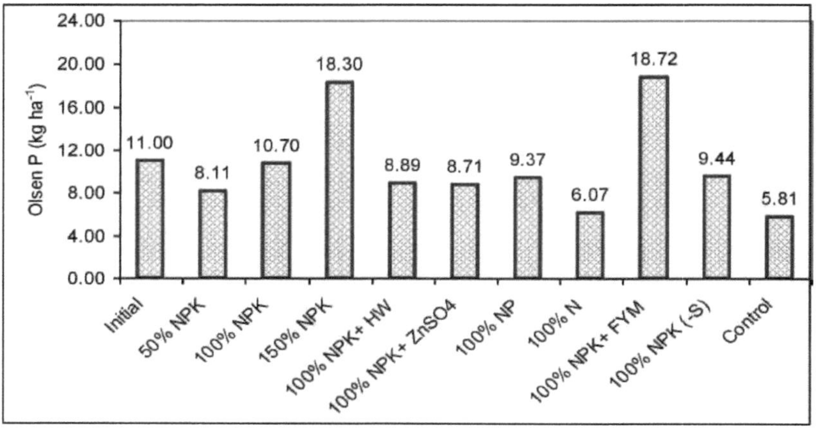

Fig.4. Efeito dos diferentes tratamentos no teor de P disponível no solo

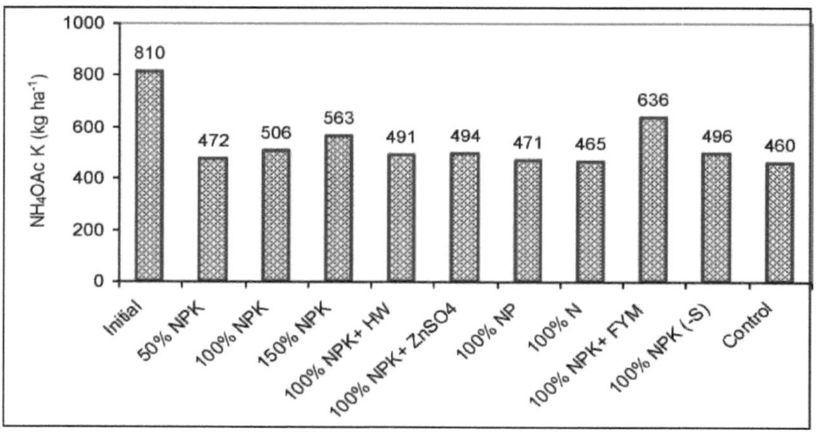

Fig.5 Efeito dos diferentes tratamentos no teor de K disponível no solo

Tabela. 16 Efeito da fertilização contínua nos reservatórios de carbono ativo (mg kg^{-1} de solo) do milheto (2003-2004, após $^{29°}$ ano)

Tratamentos	WAC (mg kg^{-1})	WSCH (mg kg^{-1})	Biomassa Carbono (mg kg^{-1})	Biomassa Azoto (mg kg^{-1})
50% NPK	74.6	538	228	38.3
100% NPK	80.3	549	288	41.1
150% NPK	104.9	568	383	44.7
100% NPK + HW	83.5	541	358	39.5
100% NPK + $ZnSO_4$	85.1	556	300	38.7
100% NP	75.6	539	273	35.5
100% N	73	524	215	33.9
100% NPK + FYM	127.1	648	389	47.5
100% NPK (-S)	87.2	541	265	37.5
Controlo	54.6	439	184	31.5
CD a 5 %	10.28	12.01	20.00	4.10

(Dhakshinamoorthy *et al.*, 2005)

Tabela. 17. Efeito da fertilização contínua nos reservatórios de carbono ativo (mg kg^{-1} de solo) da cultura do milho rotação (2003-2004, após 29 th ano)

Tratamentos	CMA (mg kg^{-1})	WSCH (mg kg^{-1})	Carbono da biomassa (mg kg^{-1})	Biomassa Azoto (mg kg^{-1})
50% NPK	74.0	540	212	36.3
100% NPK	84.0	552	261	39.9
150% NPK	105.5	573	364	43.9
100% NPK + HW	84.8	532	347	38.3
100% NPK + $ZnSO_4$	86.7	557	283	38.7

100% NP	77.7	536	256	33.1
100% N	70.4	529	213	34.7
100% NPK + FYM	128.6	651	371	47.1
100% NPK (-S)	89.3	547	243	38.3
Controlo	55.1	435	183	29.5
CD a 5 %	10.66	15.14	23.56	4.14

(Dhakshinamoorthy *et al.*, 2005)

Num estudo em estufa efectuado num ambiente de Torripsamment Typic, as necessidades de P do trigo aumentaram com o aumento da CE do solo (Quadro 18), sugerindo que os valores limiares da concentração de P no solo não só aumentariam com o aumento da CEe do solo, como também variariam com a predominância de sais de Cl ou SO (Sharma *et al.*, 2007).

Tabela 18. Rendimento de grãos de trigo (g pote-1) afetado pelos níveis de salinidade dominados por cloreto (Cl) e sulfato (SO4) em diferentes níveis de ECe

Níveis de P adicionado (mg kg^{-1})	Não salina	ECe 6 dSm^{-1}		ECe 8 dS m-1		ECe 10 dS m-1	
		Cl	SO4	Cl	SO4	Cl	SO4
0	10.5	3.5	5.1	2.2	3.7	1.9	2.4
30	26.0	21.5	24.4	16.2	18.8	9.2	12.0
60	29.5	27.9	30.0	20.7	22.7	13.7	18.3
90	29.4	28.7	30.7	23.7	26.6	16.9	19.8
Média	23.9	24.0	22.6	15.7	18.0	10.4	13.2
CD (P=0,05)							
P		1.7	1.4	1.5			
Salinidade		1.5	1.2	1.3			
PxSalinidade		2.9	NS	2.6			

Fonte: Sharma et al. (2007)

Foram registados rendimentos significativamente mais elevados, da ordem de 4,3 t ha^{-1} para o arroz e 4.0 t ha^{-1} para o trigo foram registados quando o arroz-trigo foi cultivado após adubação verde de dhaincha *in-situ* ou aplicação de FYM (10 t ha^{-1}) ou vermicomposto (5 t ha^{-1}) uma vez por ano durante a estação kharif, juntamente com uma quantidade reduzida de fertilizantes por hectare por cultura (30-90 kg N, 13-20 kg P e 37 kg K) acompanhada por culturas microbianas (*Azotobacter*, PSB e BGA), em comparação com o rendimento (4.04,1 t $ha^{-1)}$ com FTR (120-26-50) por ha e por cultura. Uma redução de 25% na dose recomendada de fertilizantes NPK (30 kg de N, 6,5 kg de P e 13 kg de K ha^{-1}cultura^{-1}) pode ser feita com a aplicação de FYM ou vermicomposto ou adubação verde isolada sem diminuir o rendimento do arroz e do trigo (Fateh Singh *et al.*, 2008)

7.3 MELHORIA DA QUALIDADE BIOLÓGICA DO SOLO

Uma população grande, diversificada e ativa de organismos do solo pode ser o indicador mais importante de um solo saudável. Para uma definição funcional da qualidade biológica do solo e facilidade de análise, as fracções biologicamente activas da matéria orgânica do solo (MOS) e os atributos bioquímicos do solo têm-se revelado mais úteis. Uma baixa diversidade microbiana do solo indica condições de stress no solo, enquanto uma diversidade elevada é um indicador de um solo saudável (Rao, 2007). As actividades da desidrogenase e da urease eram baixas em solos alcalinos, mas melhoravam com a adição de gesso, seguida de culturas, árvores em crescimento ou gramíneas (Rao e Ghai, 1985). Rao e Burns (1990) referiram que a inoculação com cianobactérias em solos submersos melhorava a saúde geral dos solos através da acumulação de matéria orgânica, estimulando as populações bacterianas e fúngicas, as actividades enzimáticas, a produção de polissacáridos e a agregação do solo. A adição de uma fonte de carbono facilmente decomponível (Sesbania) eliminou o stress da sodicidade nos micróbios e melhorou drasticamente a sua atividade (Rao e Pathak, 1996).

A aplicação contínua de 100% de NPK + tratamento FYM (T10) registou a maior população de bactérias, fungos e actinomicetos em amostras de solo pós-colheita de ambas as culturas de milho e milheto (Tabela 19). A adição de adubos orgânicos actua como fonte de crescimento e desenvolvimento de microrganismos do solo, o que levaria a uma maior população nas parcelas tratadas com FYM (Elayarajan et al., 2011).

Rao e Gill (2000) mostraram que, em agroflorestas sequenciais com *Sesbania sesban* fixadora de azoto perene durante quatro anos, seguidas de arroz-trigo durante seis anos, os efeitos residuais do crescimento das leguminosas resultaram numa melhoria permanente da qualidade do solo, resultando num rendimento adicional de 1,2 t de arroz e 0,5 t ha^{-1} de trigo em cada ano, numa base sustentada, que foi atribuída à fixação não simbiótica de N de 30,8 kg $ha^{-1}ano^{-1}$.

A casca carbonizada de Acacia mangium (carvão de casca), que é feita de resíduos de madeira da produção de celulose, foi aplicada como correção do solo para examinar os seus efeitos na taxa de colonização de fungos micorrízicos arbusculares sob a cultura do milho no sul de Sumatra, Indonésia (Yamato et al.,2006). O resultado mostra que, após a aplicação de carvão de casca de árvore, foram observados aumentos na quantidade de raízes e na taxa de colonização de fungos micorrízicos arbusculares (AM) no milho (fig.6).

Tabela 19: Efeito a longo prazo dos tratamentos na população microbiana em solos pós-colheita de 92nd Finger Millet (*Kharif* 2009-10) e 93rd Maize (Rabi 2009 -10)

Tratamentos	Milho painço - 92nd cultura			Milho - 93ª colheita		
	Bactérias (X10-6 CFU / g de solo seco)	Fungos (10-3 CFU / g de solo seco)	Actinomicetos (10-4 CFU / g de solo seco)	Bactérias (10-6 CFU / g de solo seco)	Fungos (10-3 UFC / g de solo seco)	Actinomicetos (10-4 CFU / g de solo seco)
Ti - 50%NPK	77	20	9	71	23	9
T2- 100%NPK	83	21	10	76	24	10
T3 -150%NPK	78	20	9	72	23	9
T6-100%NP	71	18	8	66	22	9
T7-100%N	71	18	8	66	22	9
T8-100%NPK+FYM	110	29	13	98	27	11
T9-Controlo	49	15	7	48	20	8
SEd	1.55	0.45	0.19	1.84	0.54	0.22
CD (0,05%)	3.17	0.93	0.40	3.77	1.10	0.45

(Elayarajan et al.,2011).

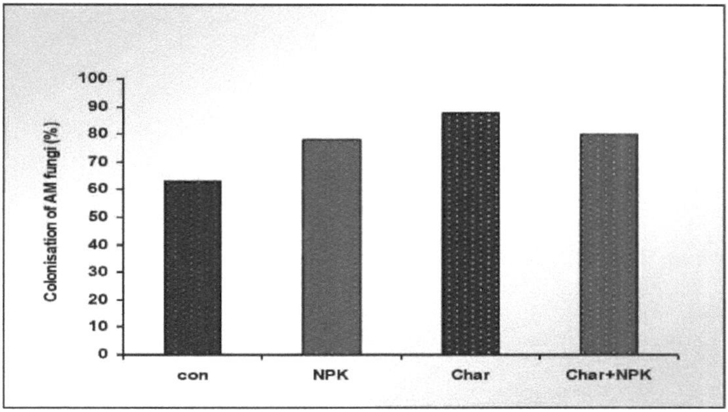

Fig.6. Efeito da aplicação de carvão de casca de árvore (Acacia mangium) na colonização de fungos micorrízicos arbusculares.

Todas as reacções biológicas no solo são catalisadas por enzimas. Acredita-se que as actividades enzimáticas do solo indicam a extensão de um processo específico no solo e, em alguns casos, actuam como indicadores da fertilidade do solo. A atividade da enzima desidrogenase foi fortemente afetada pela utilização de fertilizantes a longo prazo. A atividade máxima foi observada (Quadro 20) nos tratamentos 100 % NPK+10 t FYM ha^{-1} seguidos de apenas FYM (Gayatri Verma et al., 2009).

Tabela 20. Efeito da gestão integrada de nutrientes na atividade da desidrogenase do solo no sistema de cultura milho-trigo

Tratamentos	Desidrogenase mg TPF/ kg solo /24 h	
	Milho	Trigo
100% NPK	5.49	5.36
100% NPK + Zn	5.51	5.45
100% NPK + Zn + S	5.53	5.48
100% NPK + S	5.48	5.45
100% NPK + Azotobacter	5.60	5.57
10 t FYM ha^{-1}+ (100%) Teor de NPK-NPK da FYM)	6.50	5.84

100% NPK + 10 t FYM ha^{-1}	6.66	6.61
20 t FYM ha^{-1}	6.52	6.49
150% NPK	5.76	5.82
100% NP	5.44	5.40
100%N	4.31	4.27
Controlo	4.15	4.12
CD (p=0,05)	0.17	0.24

(Gayatri Verma et al., 2009)

A atividade das enzimas do solo, nomeadamente a amilase, a celulose, a desidrogenase, a urease, a catalase e a fosfatase, foi estudada nos solos pós-colheita da 35ª colheita de milho rabi. Os resultados revelaram que as actividades da amilase, celulose, desidrogenase, urease, catalase e fosfatase são elevadas nas parcelas que receberam os nutrientes em tratamentos com 100 % de NPK + FYM (quadro 21) (Dhakshinamoorthy *et al.*, 2005).

Tabela. 21. Efeito da fertilização contínua na atividade enzimática do solo (média de duas culturas de milho, 1987 e 1994)

Tratamentos	Amilase mg glucose/ kg solo / 24 horas	celulose mg glucose/ kg solo /24 horas	Desidrogénioase mg TPF/ kg solo / 24 horas	urease mg NH_3/ kg solo / 24 horas	Catalase mg O_2/ g solo / 24 horas	Fosfatase mg pnp/ g solo / 24 h
50% NPK	0.49	0.89	4.20	33.9	9.03	19.83
100% NPK	0.51	0.93	4.47	34.9	9.12	21.56
150% NPK	0.51	0.93	4.51	35.9	9.71	20.85
100% NPK + HW	0.52	0.90	4.38	35.1	9.37	24.31
100% NPK + $ZnSO_4$	0.53	0.92	4.58	36.5	9.60	23.35
100% NP	0.55	0.94	4.71	37.8	9.84	21.54
100% N	0.55	0.93	4.62	37.1	9.74	21.97
100% NPK + FYM	0.59	0.98	5.04	41.1	10.24	26.39
100% NPK (-S)	0.54	0.93	4.53	36.7	9.61	22.54
Controlo	0.54	0.93	4.56	36.5	9.64	23.27

(Dhakshinamoorthy *et al.*, 2005)

Num solo franco-argiloso arenoso de Andhra Pradesh, a taxa de respiração do solo registou uma melhoria substancial em relação à remoção ou queima da palha (Quadro 22), com um máximo no tratamento palha + adubo verde (Surekha *et al.*, 2004).

Tabela 22. Influência das práticas de gestão dos resíduos de culturas na respiração do solo

S. Não.	Tratamentos	Indicador biológico indicador Solo respiração (mg CO2 g-1 solo 24 h-1)
1	100% de incorporação de palha	0.162
2	50% de incorporação de palha	0.127
3	100% palha + incorporação de OGM	0.172
4	Queima de palha a 100%	0.121
5	Controlo (Remoção)	0.109
	CD (P = 0,05)	0.011

Fonte: Surekha et al. (2004)

Em solos ácidos de Mizoram, a inoculação de plântulas de arroz com PSB em combinação com a dose óptima de fosfato de rocha produziu o rendimento mais elevado e sustentável da cultura, aumentando a eficiência dos fertilizantes P adicionados, além de manter a saúde do solo e minimizar as despesas com o custo do fertilizante P numa extensão de 30-40% (Laxminarayana, 2005). No solo ácido das colinas de Manipur, recomendou-se a inoculação do amendoim com uma estirpe eficaz de rizóbio, juntamente com a calagem em sulcos, para melhorar a produtividade do amendoim e a saúde do solo, especialmente no que respeita ao N disponível (Raychaudhuri e Raychaudhuri, 2008).

CAPÍTULO - 8

EFEITO DAS PRÁTICAS DE GESTÃO NA PRODUTIVIDADE DAS CULTURAS *i) Sistema integrado de nutrição vegetal (SIPV)*

O fornecimento integrado de nutrientes é muito promissor na produção vegetal, não só para garantir uma produtividade elevada, mas também para evitar o aparecimento de deficiências múltiplas de nutrientes e a deterioração do ambiente do solo. O estrume, um dos componentes da IPNS, que é uma boa fonte de carbono e nutrientes, pode contribuir consideravelmente para o estado da matéria orgânica do solo (Biederdeck *et al.*, 1984).

Conforme relatado por Nambiar e Ghosh (1994), a adição de adubos orgânicos permitiu estabelecer uma melhor retenção de água e um ambiente favorável ao desenvolvimento das raízes. A inclusão de culturas leguminosas de adubo verde na sequência de culturas e a incorporação de adubos verdes foram benéficas para o fornecimento de N à cultura (Adiningish, 1988). Os benefícios da adubação verde resultam da substituição de nutrientes fixados quimicamente e do aumento da atividade biológica. A aplicação combinada de FYM e BGA também resultou numa taxa de infiltração significativamente mais elevada do que a sua aplicação individual (50,0 x 10 7 m s 1 no sistema de cultivo arroz-trigo e 50,0 x 10^{-7} m $^{-1}$. no sistema de cultivo arroz-milho de inverno (Mishra e Sharma, 1997).

Sharma e Singh (2000) referiram que a abordagem do rendimento visado era mais equilibrada, rentável e útil para verificar a extração de nutrientes do solo do que as recomendações de fertilizantes para o rendimento económico com base numa abordagem de regressão. Pachauri e Vinay Singh (2001) estudaram o efeito da utilização integrada de adubos químicos e de fertilizantes orgânicos na fertilidade do solo, utilizando a cebola como cultura de ensaio, e referiram que, quando o estrume era aplicado juntamente com os adubos químicos, o declínio do carbono orgânico era travado.

Rangasamy *et al.* (2000) referiram que a gestão integrada do solo através de sistemas agrícolas integrados em condições de terra húmida/terra seca irrigada/terra seca irrigada abrirá certamente caminho para aumentar a produtividade e a rentabilidade e também ajudará a manter a saúde do solo. De acordo com Bhattacharya e Ghosh (2001), a aplicação combinada de P, S e FYM registou o maior rendimento de frutos em brinjal, juntamente com um maior teor de P disponível no solo.

Muneshwar Singh e Sammi Reddy (2001) observaram que o estado da matéria orgânica e do N total diminuiu com a aplicação de fertilizantes isolados e aumentou com a utilização conjunta de fertilizantes N e estrume orgânico. O balanço de N devido à utilização de fertilizante N sozinho foi negativo e a integração de N orgânico e biológico resultou num balanço de N positivo (Duraisami *et al.,* 2002).

Santhi *et al.* (2002a) relataram que a fertilidade do solo após a colheita foi mantida devido ao IPNS para a cebola em Inceptisols de Tamil Nadu. Smitha John *et al.* (2005) e Saranya (2009) referiram que o IPNS resultou em valores críticos baixos nos testes do solo devido a uma menor necessidade de fertilizantes N, P O e K O em relação ao NPK isolado e objectivos de rendimento mais elevados registaram níveis críticos relativamente mais elevados para o NPK disponível no solo para a couve e a ashwagandha, respetivamente.

A cobertura morta de resíduos de cana-de-açúcar enriquecida com 6 t /ha e resíduos de cola industrial a 4 t ha diminuiu significativamente a densidade aparente superficial e a CE em 2,0 e 6,4 por cento, respetivamente, e aumentou a condutividade hidráulica saturada *in situ*, o carbono orgânico, a humidade do solo e a produção de cana em 28,1, 19,6, 16,9 e 11,6 por cento, respetivamente, em comparação com a cobertura morta (Rita Dahiya *et al.*, 2003). Laxminarayana e Patiram (2006) referiram que a utilização integrada de fontes inorgânicas, orgânicas (adubo verde/FYM/estrume de aves/estrume de porco) e biológicas (PSB) de nutrientes aumentou a NUE, a ANR e a fertilidade do solo, para além de aumentar a produção de arroz em Ultisols de Mizoram.

Observou-se um aumento significativo da atividade da desidrogenase e da hidrogenase nos solos da rizosfera de *Azospirillum brasilense* e *Azotobacter chroococcum* após inoculação com fixadores de N e fungos AM e o aumento foi máximo com dupla inoculação (Aseri e Rao, 2005). Saini *et al.* (2005) descobriram que, para obter o máximo rendimento da cultura na sequência soja - milho de inverno num solo argiloso, apenas 50% dos fertilizantes químicos necessários podem ser fornecidos juntamente com bioinoculantes adequados, tais como fixadores de N, solubilizadores de P e VAM, juntamente com FYM.

Os resultados de uma experiência de fertilização a longo prazo com uma sequência de culturas de milho-milho-feijão-de-corda ao longo de 29 ciclos anuais de cultivo (Tabela 23) revelaram de forma espetacular o facto de que a utilização integrada de FYM com 100 % NPK aumentou significativamente o rendimento de todas as três culturas na sequência (Dhakshinamoorthy *et al.*, 2005). A exclusão contínua de S do programa de fertilizantes resultou numa redução de rendimento de 13% acima do nível recomendado de 100% de NPK.

Tabela 23. Efeito a longo prazo da aplicação de fertilizantes na produtividade da cultura de milho-miúdo e feijão-frade em Inceptisol de Coimbatore

Tratamentos	Rendimento médio agrupado, (kg ha -1)			
	Fingermillet	Milho	Feijão-frade (grão)	Feijão-frade (forragem)

50% NPK	2650	2560	434	2014
100% NPK	3033	3073	467	2354
150% NPK	3197	2384	511	2530
100% NPK + HW	2912	2948	475	2274
100% NPK + Zn	2975	3138	497	2325
100% NP	2935	2877	476	2363
100% N	1322	1172	218	869
100%NPK+ FYM	3500	3575	570	2887
100% NPK (sem S)	3500	2957	513	2316
Controlo	2891	912	171	639
CD a 5%	1042	430	157	277

Fonte: Dhakshinamoorthy et al. (2005)

Além disso, a experiência contínua sobre a tecnologia STCRIPNS para a sequência arroz-arroz em Alfisol (Anónimo, 2009a) demonstrou claramente que, após 11 anos de cultivo, a aplicação de fertilizantes com base no STCR-IPNS produziu o maior rendimento de grãos e rácio de resposta, mantendo o carbono orgânico do solo, o estado de N e P disponível. Apesar de se ter verificado uma diminuição do K disponível em todos os tratamentos (controlo, cobertura, fertilizantes STCR isolados e STCR-IPNS), a extração foi mínima no tratamento STCR-IPNS. Natesan *et al.* (2007a) relataram que foi registado um aumento de 23% no carbono orgânico do solo nos tratamentos STCR-IPNS em relação ao controlo em solos de cultivo de cenoura de Ooty.

A aplicação de 100% de NPK com 10 t de FYM ha^{-1} aumentou o rendimento em 146 e 136% do milheto e do milho, respetivamente, em relação ao tratamento com 100% de N sozinho em Inceptisols de Tamil Nadu (Anónimo, 2009b). A aplicação contínua de FYM ou a incorporação de GM com 40 a 45 dias de idade no arroz durante um período de oito anos pode satisfazer 50% das necessidades de NPK do arroz num sistema de arroz-trigo, para além de aumentar o carbono orgânico, o P disponível e os micronutrientes (Balwinder Kumar *et al.*, 2008).

A imposição de práticas de gestão integrada de nutrientes (GIN) na experiência a longo prazo produziu diferenças claras de rendimento que se reflectem na resposta da cultura. O uso integrado de FYM com 100% NPK aumentou significativamente o rendimento de grãos de milheto e milho em 20,25 e 14,87 por cento, respetivamente, em relação à aplicação de 100% NPK (Arulmozhi selvan et al., 2011). A aplicação contínua de fertilizantes azotados por si só afectou negativamente a produtividade do solo, resultando numa redução drástica do rendimento de 66,41% no milho painço e 18,26 por cento no milho em comparação com 100 % NPK (Quadro 24).

Tabela.24.Rendimento de grãos e rendimento de palha de 92nd Finger Millet (*Kharif* 2009-10) e 93rd Maize (Rabi 2009 -10)

Tratamentos		92nd Painço de dedo		93rd Milho	
		Rendimento de grãos (kg ha^{-1})	Rendimento de palha (kg ha^{-1})	Rendimento de grãos (kg ha^{-1})	Rendimento de palha (kg ha^{-1})
Ti	50 % NPK	2475	5589	3457	7476
T2	100 % NPK	3002	6830	3666	7868
T3	150 % NPK	3235	6921	3834	8077
T6	100 % NP	2808	5885	3471	7643
T7	100 % N	1804	4126	3100	6875
T8	100 % NPK + FYM	3610	7823	4211	9166
T10	Controlo	1358	2958	2959	6246
SEd		65	134	62	171
CD (0,05%)		133	274	128	351

(Arulmozhiselvan et al.,2011)

(ii) *Recomendação de fertilizantes com base no teste do solo*

A análise do solo é uma ferramenta científica para avaliar a fertilidade do solo, prevendo a probabilidade de obter uma resposta rentável das culturas à aplicação recomendada de fertilizantes em condições específicas de solo e cultura. Trata-se essencialmente de uma análise química simples e rápida dos solos com o objetivo de recomendar práticas de fertilização e calagem. A recomendação de fertilizantes com base no ensaio do solo desempenha um papel vital na garantia de uma nutrição equilibrada das culturas e também na prevenção de despesas inúteis com a utilização de fertilizantes minerais dispendiosos (Biswas, 2002).

No Departamento de Ciência do Solo e Química Agrícola, TNAU, Coimbatore, no âmbito do Projeto de Investigação Coordenada de Toda a Índia para estudos de correlação da Resposta das Culturas ao Teste do Solo (AICRP-STCR), foram desenvolvidas equações de prescrição de fertilizantes no âmbito do IPNS para cereais, painço, leguminosas, oleaginosas, algodão, cana-de-açúcar e culturas hortícolas

(Selvakumari *et al.*, 2000; Natesan *et al.*, 2007b) em diferentes zonas agroclimáticas. Numa sequência de culturas intensivas, os solos do campo do agricultor não podem ser testados para cada estação do ano. Nestas circunstâncias, os valores dos testes de solo pós-colheita da cultura de ensaio para o campo experimental podem ser calculados a partir dos valores iniciais dos testes de solo, das doses de fertilizante adicionadas e do rendimento obtido. Foram efectuados estudos sobre este aspeto por muitos trabalhadores para várias sequências de culturas e tipos de solo (Shanmugam, 1992; Murugesa Boopathi, 1995; Santhi, 1995 e Andi, 1998).

Os resultados dos ensaios de verificação e das demonstrações na linha da frente realizados com arroz, algodão, amendoim, girassol, tapioca, cebola e bhendi em diferentes zonas agro-climáticas de Tamil Nadu (quadro 26) salientaram a possibilidade de aumentar a produtividade, a eficiência dos nutrientes adicionados (rácio de resposta) e a rentabilidade das culturas (rácio custo-benefício) devido ao STCR-IPNS em relação ao STCR-fertilizantes isoladamente, manta e prática dos agricultores (Santhi *et al.*, 2002b).

A demonstração a longo prazo do STCR-IPNS com a sequência de culturas arroz-arroz está em funcionamento desde o Kharif 1998 num alfisol (Santhi *et al.*, 2011). O rendimento médio de 11 culturas de arroz kharif revelou claramente que, entre os tratamentos, o STCR-IPNS 7tha^{-1} foi considerado o melhor, registando um rendimento mais elevado em todos os anos, com um rendimento médio de 6,55 tha^{-1}, seguido de perto pelo STCR-IPNS 7tha^{-1}, que registou um rendimento médio de 6,36 tha^{-1}. (Quadro 25)

Tabela 25. Rendimento de grãos e rácio de resposta (RR) influenciados pela demonstração a longo prazo STCR-STCR com a sequência arroz-arroz nas condições de Coimbatore (média de 11 culturas)

SttnrmtarT	NintiK		Rnai	
	ah em	RR	ah em	RR
tiaaket	5.28	12.09	4.98	11.98
Ritld NSMC-t rnthtr	5.62	13.54	5.14	14.65
rendimento NSMc-tt rnthtr	6.36	13.97	5.90	14.51
tNNN NSMC -yield-∏ rnthtr	6.55	15.50	6.02	16.38
Ritld NSMC-t rnthtr	2.82	-	2.91	-

(Santhi *et al.*, 2011).

Quadro 26. Produtividade, eficiência na utilização de nutrientes e rendibilidade das culturas através da utilização integrada de fontes de nutrientes

Zona e cultura/tratamentos	**Zona do Delta do Arroz e Cauver**	**AlgodãoZona Oeste**	**Zona Oeste**	**Girassol - Zona Nordeste**	**TapiocaZona Noroeste**	**Cebola - Zona Oeste**	**Bhendi- Zona Ocidental**
Produtividade (rendimento - kg ha-1)							
Prática de cobertores/farrapos	6410	2750	1340	980	29700	17350	12750
STCR- Apenas NPK	7260	2820	2150	1400	38100	17550	15700
STCR- IPNS	7390	3 020	2410	1500	41400	18270	16400
Eficiência na utilização de nutrientes (taxa de resposta)					**io-kg kg^{-1})**		
Prática de cobertores/farrapos	11.9	12.2	4.6	3.0	20.8	18.1	46.0
STCR- Apenas NPK	14.2	13.0	7.2	5.3	26.3	24.4	47.6
STCR- IPNS	19.4	16.8	11.6	10.5	31.8	27.3	51.4
Rendibilidade (taxa de benefício-custo)					**io)**		
Prática de cobertores/farrapos	6.1	22.7	4.5	3.5	3.5	13.9	20.7
STCR- Apenas NPK	7.9	27.1	6.8	8.2	8.4	22.6	21.4
STCR- IPNS	10.7	37.1	10.5	14.7	16.5	25.7	30.8

Fonte: Santhi et al. (2002b)

Além disso, o programa informático "DSSIFER" (Sistema de Apoio à Decisão para Recomendação Integrada de Fertilizantes) foi desenvolvido para gerar prescrições de fertilizantes equilibradas específicas para a cultura, o local e a situação em Tamil Nadu (Murugappan *et al.*, 2004).

(iii) *Fertilização com micronutrientes*

A agricultura intensiva e exploradora, com elevados factores de produção, variedades e tecnologias melhoradas, que ajudou a alcançar a autossuficiência na produção alimentar, levou ao esgotamento dos nutrientes, em especial dos micronutrientes. Demonstrações na linha da frente efectuadas sobre micronutrientes em Tamil Nadu revelaram claramente que a aplicação de 12,5 kg de ZnSO + 15 kg de bórax enriquecido com 50 kg de FYM ha^{-1} ao milho irrigado, 40 kg de S através de gesso juntamente com 25 kg de ZnSO + 15 kg de bórax + 0.5 kg Mo ha^{-1} para blackgram e greengram, 40 kg S através de gesso juntamente com 25 kg ZnSO + 15 kg borax para girassol e amendoim e Zn @ 7,5 kg como ZnSO para arroz registou maior rendimento em relação ao controlo (Anónimo, 2008). Stalin *et al.* (2009) relataram que a monitorização contínua da depleção de nutrientes no sistema arroz-arroz revelou que não houve acumulação dos principais nutrientes e, em geral, a magnitude do balanço negativo foi maior para o Zn e o B, indicando a sua monitorização e gestão cuidadosas.

Sequências de cultivo intensivo de cana-de-açúcar - cana-de-açúcar com doses pesadas de fertilizantes e sem adição de micronutrientes causaram deficiências de Fe e Cu (Tabela 8). A aplicação da dose recomendada de NPK juntamente com 100 kg de FeSO + 37,5 kg de ZnSO + 5 kg de CuSO ha^{-1} e 12,5 t de FYM ha^{-1} pode ser seguida para manter um equilíbrio positivo de nutrientes e uma produção sustentável de cana (Muthumanickam *et al.*, 2008).

A aplicação da mistura TNAU MN @ 30 kg/ha como EFYM para o milho irrigado e 15 kg/ha como EFYM para o milho de sequeiro registou o maior rendimento de grãos de 6354 e 3546 kg/ha, registando um aumento de 36,8 e 26,8%, respetivamente, em relação ao controlo com uma relação B:C de 1,62 e 1,75 (Velu et al., 2011) . A nova mistura TNAU MN também foi considerada melhor do que a mistura DoA MN existente para o painço (mistura MN n.º 2), registando um aumento de 14,0 e 2,0 % na produção de grãos em sistemas de regadio e de sequeiro, respetivamente (Quadro 27)

Tabela 27. Efeito das misturas Macro e MN no milho de regadio (COHM 5) (Quadro 27)

Centro : MRS, Vagarai

Tratamentos	**Rendimento de grãos (kg/ha)**	**Rendimento do caule (kg/ha)**	**Aumento do rendimento (%)**	**Rácio B:C**
T1 - Manta NPK / ha	4646	6845	-	1.28
T2 - T1 + MN mix.de DoA. @15 Kg / ha como Chem. Fert.	5115	7562	10.1	1.36
T3 - T1 + MN mistura de DoA @15 Kg	5336	7796	14.9	1.41

/ ha como EFYM				
T4 - TI + MN mistura.de TNAU @15 Kg / ha como Chem. Fert.	5861	8452	26.2	1.54
T5 - Mistura de TI + MN de TNAU @15 Kg / ha como EFYM	6084	8596	31.0	1.55
T6 - TI + MN mistura. de TNAU @30 Kg / ha como Chem. Fert.	6123	8871	31.8	1.54
T7 - TI + MN mistura de TNAU @30 Kg / ha como EFYM	6354	9164	36.8	1.62
SEd	53.0	60.5	-	-
CD (p=0,05)	116	132	-	-

(iv) ***Gestão dos resíduos industriais e das águas de má qualidade***

Para atenuar as preocupações com a poluição ambiental e como fonte de nutrientes para as culturas, muitos cientistas tentaram utilizar eficazmente os resíduos industriais e também as águas de má qualidade para a produção de culturas sem deteriorar a saúde do solo. Neste contexto, Selvakumari *et al.* (1998) referiram que a integração de cinzas volantes a 20 e 40 t ha^{-1} com fertilizante ou fertilizante mais composto ou fertilizante mais composto mais *Azospirillum* resultou num estado mais elevado de Olsen-P e NH_4OAc-K do solo pós-colheita. Malla e Totawat (2006) referiram que a utilização de irrigação com água de esgotos em solos franco-arenosos ou franco-argilosos arenosos tinha melhorado as propriedades físico-químicas dos Haplustepts das planícies sub-húmidas do sul do Rajastão e o seu estado de fertilidade.

Jagadeeswaran (1999) relatou que a aplicação de ferrogesso, (um subproduto obtido da estação de tratamento de efluentes da indústria de titânio) @ 575 kg ha^{-1} (equivalente a 400 kg de gesso agrícola) foi tão eficaz quanto o gesso agrícola com aplicação no solo ou pulverização foliar de FeSO no aumento do rendimento do amendoim em solos calcários. Além disso, como corretivo de solos alcalinos, a aplicação de ferrogesso a 50% das necessidades de gesso, sozinho ou junto com FYM, foi tão eficaz quanto o gesso agrícola na eficiência de recuperação, aumentando o rendimento do arroz e melhorando o estado de fertilidade do solo. Em solos lateríticos de Kerala, a utilização de fosfogesso como corretivo aumentou significativamente o rendimento, os atributos de rendimento e a absorção pelo feijão-frade (Mathew e Manorama Thampatti, 2007).

A água sódica de RSC 12 me L^{-1} juntamente com gesso pode ser utilizada com êxito em rotações de culturas de trigo em pousio, milheto-trigo, pousio-mostarda e algodão Desi-mostarda em solos de textura ligeira de Haryana (Sultan Singh *et al.,* 2005). Com base no nível crítico de tolerância à salinidade, as plantas medicinais podem ser cultivadas utilizando diferentes níveis de salinidade da água de irrigação com práticas adequadas de gestão do solo e das terras (Santhi *et al.,* 2008). A aplicação de biocomposto feito a partir de resíduos da indústria açucareira @ 5 t ha^{-1} mais a dose recomendada de fertilizantes NPK, juntamente com gesso @ 3 t ha^{-1} e Azophos @ 2 kg $ha^{(-1)}$, revelou-se eficaz no aumento do rendimento do arroz e na manutenção da fertilidade do solo de solos costeiros afectados pelo sal de Tamil Nadu (Dhanushkodi, 2008). Uma mudança profunda nas propriedades do solo com o uso contínuo de insumos como fertilizantes, adubos e cal. O pH diminuiu do valor inicial de 5,5 para 4,7, 5,1 e 5,2 nas parcelas tratadas com N, NP e NPK (Akhilesh Kumar Sing, 2009; Quadro 28).

Tabela 28. Efeito dos diferentes tratamentos nas propriedades do solo em solo franco-ácido para o milho

Tratamentos	pH	O.C g kg-1	Av.S kg ha-1	Av.B mg kg-1
Controlo	5.23	6.50	24.9	0.240
N	4.75	7.43	27.3	0.243
NP	5.05	7.90	32.8	0.250
NPK	5.20	8.07	32.5	0.307
NPK+Cal	6.40	6.93	25.9	0.230
FYM+PK	5.90	10.1	33.3	0.263
C.D (P=0,05)	-	0.44	2.64	0.060

(Akhilesh kumar singh, 2009)

(v) UTILIZAÇÃO DE ALTERAÇÕES:

Estrume animal

O estrume é um excelente corretor do solo, fornecendo matéria orgânica e nutrientes. As taxas típicas de estrume de vaca são de 10 a 30 toneladas por acre ou 4.000 a 11.000 galões de líquido para o milho. Com estas taxas, a cultura obteria entre 50 e 150 libras de azoto disponível por acre. Além disso, muito carbono seria adicionado ao solo, resultando em nenhuma perda de matéria orgânica do solo. Os resíduos de culturas elevadas produzidos a partir desta aplicação de estrume também contribuiriam com matéria orgânica.

No entanto, um problema comum na utilização de estrume como fonte de nutrientes para as culturas é que as taxas de aplicação se baseiam geralmente nas necessidades de azoto da cultura. Uma vez que alguns estrumes têm frequentemente tanto fósforo como azoto, isto conduz frequentemente à acumulação de fósforo no solo. Um exemplo clássico é a cama de frango aplicada a culturas que requerem níveis elevados de azoto, como as pastagens e o milho. A cama de frango, por exemplo, contém aproximadamente 50 libras de azoto e fósforo e cerca de 40 libras de potássio por tonelada. Uma aplicação comum de fertilizante para uma pastagem de festuca estabelecida seria de cerca de 50 libras de azoto e 30 a 40 libras de fósforo por acre. Se fosse aplicada uma tonelada de cama de aviário para suprir as necessidades de azoto da festuca, o resultado seria uma aplicação excessiva de fósforo. Vários anos de aplicação de cama podem aumentar o fósforo do solo até níveis excessivos. Uma resposta fácil a este dilema é ajustar a taxa de estrume para satisfazer as necessidades de fósforo da cultura e fornecer o azoto adicional com fertilizante ou uma cultura de cobertura de leguminosas.

Composto

A compostagem de estrume agrícola e outros materiais orgânicos é uma excelente forma de estabilizar o seu conteúdo de nutrientes. Uma parte significativa dos nutrientes do estrume bruto encontra-se em formas instáveis e solúveis. Estas formas instáveis são mais susceptíveis de escorrer se forem aplicadas à superfície, ou de lixiviar se forem lavradas no solo. Por conseguinte, o composto não é uma boa fonte de nutrientes prontamente disponíveis para as plantas, como acontece com o estrume. O composto liberta os seus nutrientes lentamente, minimizando assim as perdas. O composto de qualidade contém mais húmus do que os seus componentes brutos, porque a decomposição primária ocorreu durante o processo de compostagem. Também não contribui com as gomas e ceras pegajosas que agregam as partículas do solo tanto quanto o estrume bruto, porque estas substâncias também são libertadas durante a fase de decomposição primária. Ao contrário do estrume, o composto pode ser utilizado quase a qualquer velocidade sem queimar as plantas. De facto, algumas misturas de envasamento para estufas contêm 20 a 30% de composto. O composto (tal como o estrume) deve ser analisado por um laboratório para determinar o valor nutritivo de um determinado lote e assegurar a sua utilização correta.

A compostagem também reduz o volume das matérias orgânicas em bruto - especialmente o estrume, que tem frequentemente um elevado teor de humidade. No entanto, embora menos volumosos e mais fáceis de manusear, os compostos podem ser caros de comprar. A compostagem na exploração reduz drasticamente os custos em comparação com a compra de composto.

A aplicação de nutrientes através de fontes inorgânicas também pode ter aumentado o rendimento do milho. O rendimento do milho foi significativamente influenciado pela aplicação de várias fontes de adubos orgânicos. Os resultados revelaram que as parcelas que receberam o vermicomposto @ 5 tha-

1 com 75 por cento RDF mostraram o maior rendimento (Tabela 29) atributos de (4402kg ha-1) (sanijiv kumar e James pitchai, 2010)

Tabela.29 Efeito das fontes orgânicas no rendimento e na produção de matéria seca do milho

Tratamentos	Rendimento de grãos (kg ha-1)	**DMP (kg ha^{-1})**
Controlo	2096	7810
FTR	3224	8348
75%RDF+25% Vermicomposto	4402	9488
100% Vermicomposto	2996	8192
75%RDF+25%GLM	3806	8769
100%GLM	2472	7985
75%RDF+25% medula de coco compostada	3513	8435
100 % de medula de coco compostada	2356	7902
C.D. (P=0,05)	266.8	301.4

(Sanjiv kumar e James pitchai, 2010)

OUTRAS PRÁTICAS:

1 . Utilizar ferramentas e técnicas para construir o solo

É possível integrar uma cultura de cobertura na sua rotação? Que tal uma cultura de alto resíduo ou um relvado perene? Existem fontes económicas de materiais orgânicos ou estrume na sua área? Existem formas de reduzir a lavoura e os fertilizantes azotados? Sempre que possível, podem ser adicionados aditivos orgânicos volumosos para fornecer matéria orgânica e nutrientes para as plantas. É particularmente útil ter em conta os nutrientes quando são utilizados fertilizantes e corretivos orgânicos. Comece com um teste de solo e uma análise de nutrientes do material que está a aplicar. O conhecimento da quantidade de nutrientes necessários para fornecer a cultura a ser cultivada orienta a quantidade de emenda aplicada e pode levar a reduções significativas na compra de fertilizantes. A composição de nutrientes dos materiais orgânicos pode ser variável, o que é mais uma razão para determinar a quantidade que tem com testes adequados. Para além de conterem os principais nutrientes para as plantas, os fertilizantes orgânicos podem fornecer muitos micronutrientes essenciais. A calibração adequada do equipamento de espalhamento também é importante para garantir taxas de aplicação precisas.

A adubação de cobertura de N foi feita através da Carta de Cor das Folhas (LCC) e o Medidor do Departamento de Análise de Plantas do Solo (SPAD) é considerado a melhor ferramenta de gestão de N através da qual o rendimento, bem como a eficiência do uso de fertilizantes podem ser melhorados (Coumaravel et al. 2010). O rendimento de grãos mostrou que a aplicação de N através do SPAD 35, LCC 5 e 100 kg N ha-1 ou através do LCC 4 resultou em um rendimento de grãos significativamente maior, embora todos estivessem no mesmo nível. (Tabela 30)

Tabela.30 Efeito de diferentes níveis de N no rendimento e nos componentes do rendimento do arroz

Tratamentos	**Rendimento Kg ha^{-1}**	**Altura da planta em cm**	**Número total de perfilhos**	**Motocultivadores produtivos**	**Comprimento da panícula em cm**	**Peso da panícula em gm**
controlo	4303	80.17	7.10	6.31	19.32	1.63
kg N ha^{-1} 100	5393	87.28	7.75	7.34	20.27	2.28
kg N ha^{-1} 150	5349	89.90	8.57	7.64	20.49	2.14
LCC3	4707	79.88	6.60	6.00	18.43	1.56
LCC4	5355	84.24	8.05	6.90	20.26	2.20
LCC5	5438	88.04	9.26	7.55	20.00	2.21
SPAD 33	4393	74.84	7.32	6.23	17.78	1.73
SPAD 35	5603	83.00	8.00	7.55	19.60	2.36
SPAD 37	5318	83.82	8.82	8.07	20.08	2.63
CD	**253.4**	**4.24**	**0.79**	**0.71**	**0.96**	**0.33**

levmntnute)2011

2 Culturas de cobertura e adubos verdes

Muitos tipos de plantas podem ser cultivados como culturas de cobertura. Algumas das mais comuns incluem: centeio, trigo mourisco, ervilhaca peluda, trevo carmesim, trevo subterrâneo, trevo vermelho, trevo doce, feijão-frade, painço e sorgo forrageiro. Cada uma destas plantas tem vantagens em relação às outras e à sua área de adaptabilidade. As culturas de cobertura podem manter ou aumentar a matéria orgânica do solo se lhes for permitido crescer durante o tempo suficiente para produzirem uma grande quantidade de erva. Com demasiada frequência, as pessoas têm pressa e eliminam uma boa cultura de cobertura apenas uma ou duas semanas antes de esta atingir o seu potencial máximo. A ervilhaca peluda ou o trevo carmesim podem render até 2,5 toneladas por acre se forem deixados a 25% da fase de floração. Uma mistura de centeio e ervilhaca peluda pode produzir ainda mais.

Para além dos benefícios em termos de matéria orgânica, as culturas de cobertura de leguminosas fornecem um azoto considerável às culturas que as seguem. Consequentemente, a taxa de azoto pode ser reduzida na sequência de uma cultura de cobertura de leguminosas produtiva, retirada no momento certo. Por exemplo, o milho cultivado após 2 toneladas de ervilhaca peluda deve produzir elevados rendimentos de grão com apenas 50% da taxa normal de azoto.

Quando se utilizam pequenos grãos, como o centeio, como culturas de cobertura e se permite que atinjam a fase de floração, pode ser necessário azoto adicional para ajudar a compensar a ligação de azoto causada pela elevada adição de carbono do resíduo de centeio. O mesmo se aplica a qualquer alteração com elevado teor de carbono, como a serradura ou a palha de trigo. As culturas de cobertura também suprimem as ervas daninhas, ajudam a quebrar os ciclos das pragas e, através do seu pólen e néctar, fornecem fontes de alimento para insectos benéficos e abelhas. Podem também fazer o ciclo de outros nutrientes do solo, tornando-os disponíveis para as culturas subsequentes à medida que o adubo verde se decompõe.

3. humates

Os humatos e os derivados dos ácidos húmicos constituem uma família diversificada de produtos, geralmente obtidos a partir de várias formas de carvão oxidado. O húmus derivado do carvão é essencialmente o mesmo que o húmus extraído do solo, mas tem havido relutância em alguns círculos em aceitá-lo como um aditivo útil para o solo. Em parte, isto deve-se à crença de que apenas o húmus derivado de matéria orgânica recentemente decomposta é benéfico. Também é verdade que a produção e a reciclagem de matéria orgânica no solo não podem ser substituídas por húmus derivado do carvão. No entanto, embora os açúcares, as gomas, as ceras e outros materiais semelhantes derivados da decomposição da matéria orgânica fresca desempenhem um papel vital tanto na microbiologia como na estrutura do solo, não são húmus. Apenas uma pequena parte da matéria orgânica adicionada ao solo será alguma vez convertida em húmus. A maior parte regressa à atmosfera sob a forma de dióxido de carbono à medida que se decompõe.

Muitos estudos mostraram efeitos positivos dos humatos, enquanto outros estudos não mostraram tais efeitos. Em geral, o consenso é que funcionam bem em solos com baixo teor de matéria orgânica. Em quantidades reduzidas, não produzem resultados positivos em solos com elevado teor de matéria orgânica. Em quantidades elevadas, podem reter os nutrientes do solo.

Existem muitos produtos de húmus no mercado. Não são todos iguais. Os produtos à base de húmus devem ser avaliados numa pequena parcela de ensaio para verificar a sua rentabilidade antes de serem utilizados. Por vezes, os vendedores fazem afirmações exageradas sobre os seus produtos. A ATTRA pode fornecer mais informações sobre os humatos.

4 Reduzir a lavoura

Embora a lavoura se tenha tornado comum em muitos sistemas de produção, os seus efeitos no solo podem ser contraproducentes. A lavoura alisa a superfície do solo e reduz a agregação natural do solo e os canais das minhocas. A porosidade e a infiltração de água diminuem após a maioria das operações de lavoura. Em muitas situações, podem formar-se poças de arado. Os solos lavrados têm taxas de erosão muito mais elevadas do que os solos deixados cobertos com resíduos de culturas.

Devido a todos os problemas associados às operações de lavoura convencional, a área cultivada com sistemas de lavoura reduzida está a aumentar na paisagem americana. Qualquer sistema de lavoura que deixe mais de 30% de resíduos na superfície é considerado um sistema de "lavoura de conservação" pelo USDA A lavoura de conservação inclui o plantio direto, o plantio direto, o plantio em camalhões, o plantio em zonas e algumas variações de aração com cinzel e destorroamento. Estas estratégias e técnicas de lavoura de conservação permitem o estabelecimento de culturas nos resíduos da cultura anterior, que são propositadamente deixados na superfície do solo. Os principais benefícios da lavoura de conservação são a redução da erosão do solo e uma melhor retenção de água no solo, resultando numa maior resistência à seca.

Os benefícios adicionais, que muitos sistemas de lavoura de conservação proporcionam, incluem a redução do consumo de combustível, a flexibilidade na plantação e na colheita, a redução das necessidades de mão de obra e a melhoria da fertilidade do solo. Dois dos sistemas de lavoura de conservação mais comuns são a lavoura em camalhões e o plantio direto.

A lavoura em camalhões é uma forma de lavoura de conservação que utiliza plantadores e cultivadores especializados para manter camalhões permanentes nos quais são cultivadas culturas em linha. Após a colheita, os resíduos das culturas são deixados até à altura da plantação. Para plantar a cultura seguinte, a semeadora coloca a semente no topo do camalhão, depois de retirar os resíduos do caminho e cortar a superfície do topo do camalhão. Os camalhões são formados de novo durante o último cultivo da cultura.

Muitas vezes, é aplicada uma faixa de herbicida no topo do camalhão durante a plantação. Com aplicações de herbicida em banda, são geralmente utilizadas duas culturas: uma para soltar o solo e outra para criar o camalhão mais tarde na estação. Pode não ser necessário qualquer cultivo se o herbicida for aplicado a fundo em vez de em banda. Como a lavoura em camalhões depende do cultivo para controlar as ervas daninhas e reformar os camalhões, este sistema permite que os agricultores reduzam ainda mais a sua dependência dos herbicidas, em comparação com os sistemas de lavoura convencional ou de plantio direto rigoroso.

Uma introdução recente de equipamento na área do plantio direto é o chamado "cultivador de plantio direto". Estes cultivadores permitem o cultivo em resíduos pesados e proporcionam uma opção não química para aplicações de herbicidas pós-emergentes. Os agricultores têm a opção de aplicar herbicidas em faixas na linha e usar o cultivador de plantio direto para limpar as entrelinhas como forma de reduzir o uso de herbicidas. A ATTRA pode fornecer uma série de contactos de recursos sobre métodos culturais, equipamento e gestão para a conceção de sistemas de cultivo de conservação até ao solo.

5 Minimizar a utilização de fertilizantes azotados sintéticos

Se possível, adicione carbono com fontes de azoto. O estrume animal é uma boa forma de adicionar carbono e azoto. Quando se utiliza fertilizante azotado, tente fazê-lo numa altura em que os resíduos de culturas pesadas também vão para o solo. Por exemplo, uma rotação de milho, feijão e trigo teria bons resultados com a adição de azoto depois de o resíduo de milho ter sido rolado ou ligeiramente lavrado. Os grãos de soja plantados na primavera não necessitariam de azoto. Uma pequena quantidade de azoto poderia ser aplicada no outono para o trigo. A seguir à cultura do trigo, pode ser plantada uma cultura de cobertura leguminosa de inverno anual. Na primavera, quando a cultura de cobertura for retirada, as taxas de azoto para o milho seriam reduzidas para ter em conta o azoto da leguminosa. A adição de resíduos de leguminosas estaria também a acrescentar carbono. Evitar as culturas de feno contínuas acompanhadas de uma fertilização com elevado teor de azoto. A remoção contínua de feno acompanhada de elevado teor de azoto acelera a decomposição da matéria orgânica do solo. A fertilização pesada de culturas de silagem, em que todos os resíduos da cultura são removidos (especialmente quando acompanhados de lavoura), acelera o declínio do solo e o esgotamento da matéria orgânica.

6 . Continuar a monitorizar os indicadores de sucesso ou insucesso

À medida que experimenta novas práticas e alterações, continue a monitorizar o solo para verificar as alterações, utilizando algumas das ferramentas discutidas na secção Avaliação da saúde do solo e da atividade biológica. Vários destes guias de monitorização têm folhas de dados que pode usar no campo para registar os dados e usá-los para comparações futuras, depois de feitas alterações às práticas agrícolas. Reveja os princípios da gestão sustentável do solo e encontre formas de os aplicar na sua exploração. Se a ideia de reunir tudo parece esmagadora, comece apenas com uma ou duas novas práticas e desenvolva-as. Procure motivação adicional lendo sobre as pessoas que construíram com sucesso os seus solos, discutidos na secção seguinte.

Por conseguinte, em conclusão, a melhoria do ambiente físico, químico e biológico do solo através de várias medidas de correção ou de gestão manteria a saúde do solo, o que, por sua vez, melhoraria a produtividade das culturas a longo prazo

7 . Manutenção da saúde do solo sob sistema de micro irrigação (MIS)

O tipo de problemas surgiu devido à utilização de água de má qualidade, nomeadamente salinidade, sodicidade e alcalinidade. Por conseguinte, para evitar estes problemas, as fontes de água devem ser testadas quanto a sais solúveis, sólidos em suspensão, pH e complexos de Fe (se a água contiver agentes corantes).

Os produtos químicos que estão disponíveis na água de irrigação causam problemas de gestão, nomeadamente o entupimento. O entupimento é causado pelo conteúdo de sais presentes na água de irrigação, nomeadamente cálcio, magnésio, sulfatos de cálcio, carbonatos e bicarbonatos, etc., pelo que, para gerir este problema, os agricultores utilizam produtos químicos que dissolvem o entupimento, mas utilizam produtos químicos que afectam a saúde do solo. O ácido sulfúrico e o ácido clorídrico são os ácidos normalmente utilizados para reduzir a precipitação química . O ácido fosfórico também pode ser utilizado para o tratamento da água e como fonte de fertilizante. A cloração é o principal meio de controlo da atividade microbiana. O hipoclorito de sódio (líquido), o hipoclorito de cálcio (sólido ou em pó) e o cloro gasoso são as fontes básicas. Quando a cloração é utilizada, devem ser usados kits de teste concebidos para medir o cloro residual livre, que é o excesso de cloro ativo em relação à quantidade necessária para matar as bactérias.

A investigação indica que são necessárias aplicações muito elevadas de cloro para danificar as raízes dos citrinos. Não se esperam danos nas plantas com aplicações de concentrações mais baixas de cloro no campo. Por conseguinte, as medidas alternativas que podem ser adoptadas para evitar a utilização de produtos químicos e para manter a saúde do solo são a utilização de biocidas. Este tipo de gestão é seguido nos Estados Unidos. Numerosos biocidas potenciais estão a ser analisados para utilização contra vários tipos de bactérias que podem entupir os emissores.

Quando os solos são contaminados com os produtos químicos que foram utilizados no âmbito do MIS, após o termo do MIS, devem ser separados e devem ser recolhidas amostras de solo do campo adotado pelo MIS e, com base nos dados analíticos, podem ser feitas recomendações. Se os solos tiverem excesso de sais, devem ser lixiviados com águas de boa qualidade. Se o solo puder acidificar, deve ser tratado com materiais de cal.

Por conseguinte, em conclusão, a melhoria do ambiente físico, químico e biológico do solo através de várias medidas de correção ou de gestão manteria a saúde do solo, o que, por sua vez, melhoraria a produtividade das culturas a longo prazo

CAPÍTULO - 9

REFERÊNCIA

Adiningish, 1988. Reciclagem orgânica na Indonésia. Agro-Chemical News in brief, Edição Especial, setembro, p: 33-38.

Andi, K. 1998. Estudos de resposta das culturas ao teste do solo no âmbito do sistema integrado de nutrição vegetal para a sequência de culturas Bhendi - Girassol em Inceptisol. Tese de doutoramento, Tamil Nadu Agric. Universidade de Tamil Nadu, Coimbatore.

Anónimo, 2008. Quarenta anos de investigação sobre elementos micro, secundários e poluentes em solos e culturas (1967-2007) - Destaques da investigação do AICRP sobre elementos micro, secundários e poluentes em solos e plantas, Tamil Nadu Agric. Universidade de Tamil Nadu, Coimbatore.

Anónimo, 2009a. Relatório de progresso (2008-09) do projeto de investigação coordenado por toda a Índia sobre a correlação entre o teste do solo e a resposta das culturas, Tamil Nadu Agric. Univ., Coimbatore.

Anónimo, 2009b. Relatório de progresso (2006-08) do projeto de investigação coordenado por toda a Índia sobre a experiência de fertilizantes a longo prazo para estudar as alterações na qualidade do solo, produtividade das culturas e sustentabilidade, Tamil Nadu Agric. Univ., Coimbatore.

Arias, M.E., Gonalez-Perez, J.A., Gonzalez-villa, F.J. e Bal, A.S. 2005. Saúde do solo - um novo desafio para microbiologistas e químicos. *Int. Microbiol.*, **8**: 13-21.

Aseri, G.K. e Rao, A.V. 2005. Propriedades bioquímicas do solo e crescimento de Ber e Aonla influenciados por bioinoculantes. *J. Indian Soc. Soil Sci.,* **53**: 342-345.

Balwinder Kumar, Gupta, R.K. e Bhandari, A.L. 2008. Soil Fertility Changes after Long-Term Application of Organic Manures and Crop Residues under Rice-Wheat System (Mudanças na fertilidade do solo após a aplicação a longo prazo de adubos orgânicos e resíduos de culturas no sistema arroz-trigo). *J. Indian Soc. Soil Sci.,* **56:** 80-85.

Bandhyopadhyay, P.K. e Mallick, S. 2003. Estimativa da distribuição das raízes e do padrão de absorção de água do trigo em condições de lençol freático pouco profundo na área de comando de irrigação do vale Damodar. *J. Indian Soc. Soil Sci.,* **51**: 103-110.

Basker, A., Paulraj, C., Rajkannan, B., Avudainayagam, S., Poongothai, S., Natesan, R., Appavu, K., Mathan, K.K. e Rani Perumal. 1995. Twenty five years of Soil Physics Research in Tamil Nadu (1967-1992), Tamil Nadu Agric. Univ., Coimbatore.

Bharadwaj, K.K.R. 1999. Role of organic wastes in soil fertility management (Papel dos resíduos orgânicos na gestão da fertilidade do solo). *In* 50 years of National Resource Management Research, G.B. Singh e B.R. Sharma, (Eds.). Division of Natural Resource Management, ICAR, Krishi Bhavan, New Delhi, p. 213-220.

Bhattacharyya, P. e Ghosh, G. 2001. Phosphorus Use Efficiency in Brinjal with FYM and Sulphur. IARI, Nova Deli.

Biederdeck, V.O, Cambell, C.A e Zenter, R.P. 1984. Efeito da rotação de culturas e da fertilização em algumas propriedades biológicas de uma argila no sudoeste de Saskatchewan. *Can. J. Soil Sci.,* **64**: 355.

Biswas, P.P. 2002. Soil testing at farmer's door step. *Fert. News,* **47:** 21-24.

Chan.K.Y., Van Zwieten. L, Meszaros. I, Downie. A, Joseph. S. 2007. Valores agronómicos de resíduos verdes biochar como uma emenda do solo. Aust. J. Soil Res.45:629-634

Dhakshinamoorthy, M., Singh, M.V., Malarvizhi, P., Selvi, S. e Bhaskaran, A. 2005. Bulletin on Soil quality, crop productivity and sustainability as influenced by long term fertilizer application and continuous cropping of finger millet-maize-cowpea sequence in swell -shrink soil. Instituto Indiano de Ciência do Solo, Bhopal, Índia

Dhanushkodi, V. 2005. Delineação e desenvolvimento de estratégias de gestão para maximizar a produção de arroz em solos costeiros influenciados pela intrusão de água do mar no distrito de Ramanathapuram de Tamil Nadu. Tese de doutoramento, Tamil Nadu Agric. Univ., Coimbatore.

Duraisami, V.P., Rani Perumal e Mani, A.K. 2002. Impacto do sistema integrado de fornecimento de azoto no rendimento, absorção e balanço de azoto do sorgo num Inceptisol. *J. Indian Soc. Soil Sci.,* **49**: 439444.

FatehSingh, Ravindra Kumar e Samir Pal. 2008. Integrated nutrient management in rice-wheat cropping system for sustainable productivity (Gestão integrada de nutrientes no sistema de cultivo arroz-trigo para uma produtividade sustentável). *J. Indian Soc. Soil Sci.,* **56**: 205-208.

Ghuman, B.S. e Sur, H.S. 2001. Efeitos da mobilização e da gestão dos resíduos nas propriedades do solo e no rendimento do milho e do trigo alimentados pela chuva num clima subtropical sub-húmido. *Soil and Tillage Research,* **58:** 1-10.

Hulugalle, N.R. e Entwistle, P. 1977. Propriedades do solo, absorção de nutrientes e crescimento da cultura em Vertisol irrigado após nove anos de lavoura mínima. *Soil and Tillage Research* **42**: 15-32.

Jagadeeswaran, R. 1999. Avaliação do ferrogesso como corretivo do solo e fonte de nutrientes para as plantas.

M. Sc. (Ag) Tese, Tamil Nadu Agric. Univ., Coimbatore.

Laxminarayana, K. 2005. Efeito dos microrganismos solubilizadores de P no rendimento do arroz e na disponibilidade de nutrientes num solo ácido de Mizoram. *J. Indian Soc. Soil Sci.,* **53**: 240-243.

Laxminarayana, K. e Patiram. 2006. Effect of Integrated Use of Inorganic, Biological and Organic Manures on Rice Productivity and Soil Fertility in Ultisols of Mizoram. *J. Indian Soc. Soil Sci.,* **54**: 213-220.

Mahboubi, A.A., Lal, R. e Faussey, N.R. 1993. Vinte anos de efeitos de lavoura em dois solos em Ohio. *Soil Sci. Soc. America J.,* **57**: 506-512.

Malla, R e K.L. Totawat. 2006. Effect of municipal sewage on soil properties and chemical buildup in vegetable crops grown on Haplustepts on sub humid southern plains or Rajasthan. *J. Indian Soc. Soil Sci.,* **54**: 226-231.

Mandal, S.C., Sinha, H., Prasad, C.R. e Ali, M.A. 1966. Science Culture 32, 149. Citado por Misra,U.K. 2004, Acid soil and its management. *J. Indian Soc. Soil Sci.,* **52**: 332-343.

Mathew, J. e Manorama Thampatti, K.C. 2007. Adequação do fósforo gesso como corretor da acidez do solo em solo laterítico. *J. Indian Soc. Soil Sci.,* **55**: 313-316.

Mishra, M. 2002. Resposta da cultura a doses graduadas de cal com ou sem FYM. Tese de doutoramento, Orissa Univ. Agric. Technol, Bhubaneswar, Orissa.

Mishra, V.K. e Sharma, R.B. 1997. Efeito de Fertilizantes isolados e em combinação com Estrume nas Propriedades Físicas e

Produtividade do Entisol em sistemas de cultivo à base de arroz. *J. Indian Soc. Soil Sci.,***45**: 84-88.

Muneshwar Singh, V.P., e Sammi Reddy, K. 2001. Efeito da utilização integrada de fertilizantes azotados, estrume de curral e adubo verde na transformação da produtividade de N, K e S do sistema arroz-trigo num Vertisol. *J. Indian Soc. Soil Sci.,* **49**: 430-435.

Murugappan, V., A. Bhaskaran, P. Murugesa Bhoopathi, R. Natesan, R. Santhi e R. Jagadeeswaran. 2004. Sistema de apoio à decisão para recomendação integrada de fertilizantes (DSSIFER). *Em* New Crop Varieties, Farm Implements and Management Technologies, Direção de Investigação, Tamil Nadu Agric. Univ., Coimbatore. p. 39-40.

Murugesa Boopathi, P. (1995). Teste de solo, resposta da cultura, recomendação de fertilizante para a sequência de cultivo arroz-arroz-pulso na área de Tamiraparani ayacut. Tese de doutoramento, Tamil Nadu Agric. Univ., Coimbatore.

Muthumanickam,D., Subramaniam, K.S., Duraisamy, V.P e Velu, V. 2008. Dinâmica de nutrientes do sistema intensivo de cultivo de cana-de-açúcar e cana-de-açúcar. *In*: Proc. Seminário Nacional sobre Micro e Nutrientes Secundários para Fertilização Equilibrada e Segurança Alimentar. Universidade Agrícola de Anand, Anand, 11-12th de março de 2008, p. 167-169.

Nambiar, K.K.M e Ghosh, A.B. 1994. Highlights of research of a long term fertilizer experiment in India (1971-82). IARI, Nova Deli, p.100

Natesan, R., Murugesa Boopathi, P., Santhi, R., Thiyageswari, S. e Chandra Sekaran. N. 2007a. Carbono orgânico do solo e produção de raízes de cenoura afectados pela gestão integrada de nutrientes baseada em testes do solo em Ultic Hapludalf. *In* Proc. International Symposium on Organic Matter Dynamics in Agro-ecosystems, Poiters, França, 16-19, julho de 2007.

Natesan, R., Murugesa Boopathi, P., Santhi, R., Thiyageswari, S., Chandra Sekaran, N., Paulraj, C., Natarajan, S., Subba Rao A. e Muralidharudu. Y. 2007b. Technical Bulletin on Soil Test Crop Response based fertilizer prescription for different soils and crops in Tamil Nadu. Tamil Nadu Agric. Univ., Coimbatore.

Pachauri, S.P. e Vinay Singh. 2001. Efeito da utilização integrada de FYM e fertilizantes químicos na fertilidade do solo de cebola. *Ann. Pl. Soil Res.,* **3:** 304-306.

Puste, A.M., Bandyopadhyay, S. e Das, D.K. (2001). Economia de azoto fertilizante através de fontes orgânicas em sistemas de cultivo de arroz-leguminosas de sequeiro em Bengala Ocidental, Índia. *Em* Optimising Nitrogen management in Food and Energy Production and Environmental Protection: Proc. 2nd International Nitrogen Conference on Science and Policy. *The Scientific World,* **1:** 722-727.

Ranade, D.H., Sharma, R.A., Gupta, R.K. e Patel, A.N. 1995. Effect of mechanical and vegetative barriers on conservation of runoff, soil and plant nutrients. *Crop Res.,* **9**: 218-223.

Rangasamy, A., Sankaran, N., Jeyanthi, C., Balusamy, B. e Thiyagarajan, T.M. 2000. Gestão integrada de nutrientes através de sistemas agrícolas integrados. *Em* Integrated Nutrient Management, S. Kannaiyan, T.M. Thiyagarajan, K.K. Mathan, P. Savithri, G. Selvakumari e V. Murugappan (Eds.), Tamil Nadu Agric. Univ. e Department of Agriculture, Tamil Nadu, Índia.

Rao, D.L.N. 2007. Microbial Diversity, Soil Health and Sustainability (Diversidade microbiana, saúde do solo e sustentabilidade). *J. Indian Soc. Soil Sci.,* **55** : 392-403.

Rao, D.L.N. e Burns, R.G. 1990. O efeito do crescimento superficial de algas verdes azuis e briófitas em algumas propriedades microbiológicas, bioquímicas e físicas do solo. *Biology and Fertility of Soils,* **9**: 239-244.

Rao, D.L.N. e Ghai, S.K. 1985. Urease and dehydrogenase activity of alkali and reclaimed soils. *Australian J. Soil Res.,* **23**: 661-665.

Rao, D.L.N. e Gill, H.S. 2000. Residual effects of *Sebania sesban* forestry on yield and nitrogen uptake by rice and wheat in a reclaimed alkali soil in Haryana. *Em* Long-term Soil Fertility Experiments in Rice-Wheat Cropping Systems, I.P. Abrol, K.E. Bronson, J.M. Duxbury e R.K. Gupta (Eds). Rice-Wheat Consortium Paper Series 6, Ricewheat Consortium for the Indo-Gangetic Plains, New Delhi, p. 139-148.

Rao, D.L.N. e Pathak, H. 1996. Influência benéfica da matéria orgânica na atividade biológica de solos afectados por sal. *Arid Soil Res.Rehabil.*, **10**: 311-319.

Raychaudhuri, M e Raychaudhuri, S. 2008. Inoculação de Rhizobium e interação com calagem em sulcos no rendimento e absorção de nutrientes pelo amendoim num Ultisol de colina ácida. *J. Indian Soc. Soil Sci.*, **56**: 76-79.

Rita Dahiya, Malik R.S. e Jhorar, B.S. 2003. Effect of Sugarcane Trash and Enriched Sugarcane Trash Mulcheson Ratoon Cane Yield and Soil Properties. *J. Indian Soc. Soil Sci.*, **51**: 504508.

biomassa sob gestão integrada de nutrientes na sequência de culturas de soja-milho de inverno. *J. Indian Soc. Soil Sci.*, **53**: 346-351.

Santhi, R. 1995. Estudos de resposta das culturas ao teste do solo no âmbito do sistema integrado de nutrição vegetal para a sequência ricerice-pulse. Tese de doutoramento, Tamil Nadu Agric. Univ., Coimbatore.

Santhi, R., Natesan R. e Selvakumari, G. 2002a. Recomendação de fertilizante baseada em testes de solo sob IPNS para cebola agregada em Inceptisols de Tamil Nadu. *Agropedologia,* **12**: 141-147.

Santhi, R., Selvakumari, G. e Natesan, R. 2002b.Produtividade, utilização eficiente de nutrientes e rentabilidade através da utilização integrada de fontes de nutrientes. *In* Proc. 17th World Congress of Soil Science, Kasetart Univ., August 14-21, 2002, Bangkok, Thailand, p. 1144111446.

Santhi, R., Mani, A.K., Appavu, K., Dhanapal, R., Natarajan, S e Paulraj, C. 2008. Nível crítico de tolerância salina para plantas medicinais. *Em* Proc. th International Crop Science Congress, 13-18 de abril de 2008, Jeju, Coreia do Sul. p.125.

Saranya, S. 2009. Estudos de correlação entre o teste de solo e a resposta da cultura para ashwagandha (*Withania somnifera* (L.) Dunal) sob o sistema integrado de nutrição vegetal. Tese de Mestrado (Ag), Tamil Nadu Agric. Univ., Coimbatore.

Selvakumari, G., Baskar, M., Jayanthi, D. e Mathan, K.K. 1998. Sistema integrado de fornecimento de nutrientes para o arroz em Alfisol e Inceptisol alluvium. In: Sistema integrado de fornecimento de nutrientes para uma produtividade sustentável. *Bull. Inst. Indiano de Ciências do Solo,* **2**: 141-146.

Selvakumari, G., Santhi, R. Natesan, R. e Mathan, K.K. 2000. Compêndio de investigação sobre estudos de resposta de culturas ao soiltest e recomendação racionalizada de fertilizantes para culturas em Tamil Nadu, Tamil Nadu Agric. Univ., Coimbatore.

Shanmugam, M. 1992. Estudos de resposta de culturas de teste de solo com sequência de algodão e milho num solo calcário preto misto. Tese de doutoramento, Nadu Agric. Univ., Coimbatore

Sharma, B.M. e Singh, R.V. 2000. Fertilizer recommendations for wheat based on regression and targeted yield approaches-A comparison. *J. Indian Soc. Soil Sci.,* **48**: 396-397.

Sharma, S.K., Manchanda, H.R. e Kapoor, A.K. 2007. Phosphorus Requirement of Wheat under Chloride and Sulphate Dominated Salinities (Necessidade de Fósforo do Trigo sob Salinidades Dominadas por Cloreto e Sulfato). *J. Indian Soc. Soil Sci.,* **55:** 509514.

Singh, A.K. 2008. Soil resource management - Key to food and health security (Gestão dos recursos do solo - chave para a segurança alimentar e sanitária). *J. Indian Soc. Soil Sci.,* **56**: 348-357.

Singh, Y., Singh, B., Meelu, O.P. e Khind, C.S. 2000. Long-term effects of organic manuring and crop residues on the productivity and sustainability of rice-wheat cropping system in north-west India (Efeitos a longo prazo da adubação orgânica e dos resíduos de culturas na produtividade e sustentabilidade do sistema de cultivo arroz-trigo no noroeste da Índia). *Em* Long-term Fertility Experiments in Rice-Wheat Cropping Systems. Rice-Wheat Consortium Paper Series 6. Rice-Wheat Consortium for the Indo-Gangetic Plains, Nova Deli, Índia. p. 149-162.

Smitha John, K., Santhi, R. e Murugesa Boopathi, P. 2005. Seleção do rendimento e sistema integrado de nutrição vegetal para fixar níveis críticos de N, P e K disponíveis no solo para a couve. *Madras Agric. J.,* **92**: 760-764.

Stalin,P., Muthumanickam, D., Chitdeshwari,T., Velu,V., Natarajan,S. e Singh, M.V. 2009. AICRP Scheme on Micro and Secondary Nutrients and Pollutant Elements in Soils and Plants, Department of Soil Science and Agricultural Chemistry, Tamil Nadu Agric. Univ., Coimbatore.

Sultan Singh, Satyavir Singh, Dhankhar, O.P. e Abha Tikkoo. 2005. Importância do gesso na produção de culturas sob uso de água sódica em solos de textura leve de Haryana. *J. Indian Soc. Soil Sci.,* **53**: 249-253.

Singh, A.K. 2008. soi resource management-key to food and health security, Journal of the Indian society of soi science, 56 (4): 348-357.

Surekha, K., Narayana Reddy, M., Rao, K.V. e Sta Cruz, P.C. 2004. Avaliação das práticas de gestão dos resíduos de culturas para melhorar os rendimentos, o equilíbrio dos nutrientes e a saúde do solo num sistema intensivo de arroz-arroz. *J. Indian Soc. Soil Sci.,* **52**: 448-453.

Tolanur, S.I. e Badanur, V.P. 2003. Efeito da utilização integrada de adubo orgânico, adubo verde e azoto fertilizante na manutenção da produtividade do sistema sorgo-grão-de-bico rabi e na fertilidade de um vertisol. *J. Indian Soc. Soil Sci.,* **51**: 41-44.

Tomar, V.S. 2005. Soil Physical Environment: A Key to Sustainable Agriculture. *J. Indian Soc. Soil Sci.,* **53:** 448-471.

Verma, T.S. e Sharma, P.K. 2000. Effects of organic residue management on productivity of the rice-wheat cropping system (Efeitos da gestão de resíduos orgânicos na produtividade do sistema de cultivo arroz-trigo). *Em* Long-term Soil Fertility Experiments in Rice-Wheat Cropping Systems, I.P. Abrol, K.F. Bronson,

J.M. Duxbury e R.K. Gupta (Eds.). Rice-Wheat Consortium for the Indo-Gangetic Plains (Consórcio arroz-trigo para as planícies indo-gangéticas). p. 163-171

Arulmozhiselvan. K., Elayarajan.M., Sathya. S., Duraisami. V.P., Appavu K., Velu, V.e P. Murugesa Boopathi. Boletim sobre as lições aprendidas com uma experiência centenária de gestão permanente

Permanenteda TNAU (1909-2009), Departamento de Ciência do Solo e

Química Agrária, TNAU, Coimbatore-3.

Elayarajan.M.2011. Relatório apresentado durante o "Millet Meet 2011" realizado no Departamento de

Ciência do Solo e Química Agrícola, TNAU,dt. 12.04.2011

Velu.V.2011. Relatório apresentado durante o "Millet Meet 2011" realizado no Departamento de Ciência do Solo e

Ciência do Solo e Química Agrícola, TNAU, dt. 12.04.2011

MIX
Papier aus verantwortungsvollen Quellen
Paper from responsible sources
FSC® C105338

Printed by Books on Demand GmbH, Norderstedt / Germany